General Report of Special Intelligence of
the Bureau of Investigation and Statistics, 1937

諜報戰

軍統局特務工作總報告 *1937*

蘇聖雄　主編

自國史館藏《蔣中正總統文物》，典藏號：002-080200-00611-001，原件封面載「特務處工作總報告民國二十六年份」，連同封面、目錄共 128 頁。為特務處處長戴笠總結一年來之工作，呈送給軍事委員會委員長蔣中正的報告。由於戴笠為蔣中正擔任校長的黃埔軍校第六期畢業生，故報告內自稱為「生」（學生），對蔣中正則敬稱為「鈞座」。

1937 年初國民政府正忙於西安事變的善後，7 月盧溝橋事變爆發，中日兩國旋即邁向全面戰爭。這一年無疑是中國現代史上關鍵的一年。特務處作為國民政府主要軍事情報組織，於是年中擴大，以面對大規模戰爭所需。在總報告中，可以看到特務處的變動過程，以及改組後的組織人事、情報、行動、警務、郵電檢查、緝私、電訊交通、司法，以及次年的工作計畫。

本系列第二冊為軍統局 1939 年的工作總報告，亦出自國史館藏《蔣中正總統文物》，典藏號：002-080200-00612-001，原件封面載「軍事委員會調查統計局民國二十八年工作總報告」，連同封面、目錄共 162 頁。當時特務處已於前一年改組，從軍事委員會調查統計局的第二處，獨立成一個局，仍稱軍事委員會調查統計局。軍事委員會辦公廳主任賀耀組兼任軍統局局長，戴笠擔任副局長負實際責任，故此一 1939 年總報告，仍是以戴笠作第一人稱呈報給蔣中正。

在國史館的《戴笠史料》全宗中，〈戴公遺墨－組織類（第 3 卷）〉卷內（典藏號：144-010105-0003-019），可見此一總報告的初擬手稿，與完成後繕就上

呈的總報告相較，手稿雖為戴笠親筆，但內容較不完整，而且沒有完稿後的豐富圖表。

　　1939 年雖未若 1937 年全面戰爭爆發之年的關鍵，於戰局發展過程，實亦為不可忽視的一年。前一年 10 月，武漢會戰結束，中國軍戰略進入第二期「持久戰時期」；此前第一期自開戰至武漢會戰為「守勢時期」。第二期的中國軍戰略，在於連續發動有限度之攻擊及反擊以消耗日軍，並發動日軍占領地的游擊戰，阻礙日軍之統治與對物資之攫取；此一時期「政治重於軍事」、「情報重於判斷與想像」，注重挑選諜報工作人員，分析實際環境，制定各種工作計畫，情報工作之重要性益發浮現。

　　是年軍統局工作之實施，乃依據去年所定的工作計畫。一面擴展有關軍事之情報，以供軍事委員會委員長蔣中正定謀決策之參證，一面在日本占領區加強行動與破壞，制裁重要漢奸，摧毀附日政權，及破壞日方交通，毀壞其資源，藉以打擊日軍之作戰能力。在國民政府統治所及的區域，軍統局則注意漢奸、間諜之防範與肅清、反動之鎮壓、貪污之檢舉，以安定後方秩序，保衛蔣中正個人安全，強化抗戰建國之信念。

三

　　兩冊總報告一名「特務處工作總報告民國二十六年份」、一名「軍事委員會調查統計局民國二十八年工作總報告」，系列書名統合兩份報告之稱，名為「諜報戰：軍統局特務工作總報告」，書中乘載著豐厚的軍統

局特務工作內幕訊息。

組織人事方面，情報工作極為秘密，其組織與人事亦屬絕對機密，名單若為敵方所獲，往往使情報網瓦解，嚴重影響情報工作的推動。本系列總報告完整揭露軍統局內外勤組織、人員名單，對於人員年齡、籍貫、學歷皆以豐富的圖表呈現。情報人員為便於活動，常有一公開身分，總報告亦予揭露，軍統局布置在參謀本部、縣政府、民政廳、財政廳、各警察局署、各保安處、郵電檢查所之人員，皆有名單，並列述其工作目的與方法。

人員訓練方面，蔣中正個人極其重視訓練工作，其擔任校長之黃埔軍校為一顯例。在特務處時期，便辦有內勤公餘外國語補習班、杭州電務訓練班、電務人員業餘訓練班、譯電訓練班、甲種特務訓練班、乙種特務訓練班、臨時特務訓練班。1938 年底，蔣中正指示軍統局將擴大、加強訓練列為主要工作計畫之一。軍統局之訓練，以精神為主、技術為輔，規定精神方面須養成刻苦耐勞與犧牲奮鬥之風尚；技術方面，力求適合實際之需要與工作科學化兩點。精神科目以總理遺教及蔣中正的言行為主，旁及歷代民族英雄傳記。特工之一般技術，如密碼、秘密通訊、軍事學、情報學、行動要領、手槍射擊等，亦為各班所共習。1939 年軍統局自辦之訓練班，計有中央警官學校黔陽特種警察訓練班、中央警官學校蘭州特種警察訓練班、諜報人員訓練班、外事訓練班、特種技術人員訓練班、特種偵查訓練班、仰光特別訓練班。

　　業務推動方面，主要在情報、行動、警務、郵電檢查、緝私、電訊交通、司法等部分。軍統局雖屬「軍事」情報組織，其獲取情報之範圍並不限於此，包括敵情偵查、漢奸偵查、國際情報、貪汙不法之檢舉、各黨派（中共在內）的調查，軍事情報僅為其一。情報而外，尤要者為「行動」，也就是運動偽軍反正、法辦違法人士、破壞敵方設施、襲擊敵軍，最受人注目的是所謂「制裁」，也就是暗殺行動。1939 年的總報告將該年制裁者列表，呈現制裁對象、承辦區站組、制裁月日、制裁方法、制裁地點、制裁結果。例如，1939 年 1 月 8 日，制裁漢奸林柏生，他是《南華日報》主筆，因鼓吹投敵言論遭到制裁，軍統局承辦者為香港區，制裁方法是「鐵鎚鐵棍猛擊」，制裁地點在香港德輔道屈臣氏藥房側巷口，最後導致林柏生重傷；不過，行動員陳實（陳錫昌）被捕，後來在香港獄中，與其他犯人口角遭到擊斃。

　　自我檢討方面，由於總報告為戴笠向蔣中正說明軍統局一年來的工作成果及檢討，因此可見軍統局的自我省視。以 1939 年來說，軍統局提供蔣中正及中央軍事機關大量敵情、軍事、敵偽、漢奸、國際情報，為當局所重視，指派專人研究，有助戰局的判斷。然而軍統局的工作組織日形擴展，幹部卻不敷分配，指導督察均未臻完善，新進人員既多，工作尚未能深入。且性質類似之組織，如中統局多所遷制，政府機關與中國國民黨之組織不能便利運用。又因各地生活之高昂，工作人員待遇之微薄，致情緒低落者有之，思想轉變者有之。至於

高級情報人員的吸收與行動、對象內線的運用，一則因
當時特務工作，人尚視為畏途，一則因軍統局之經費支
絀，時有妨礙工作進行。於種種困難之中，內外工作之
主持、各方環境之應付，皆集中於戴笠一身，其能力終
究有限，思慮難免不周，有損軍統局工作的效能。

四

　　總報告提供關於軍統局既豐富又相對完整的訊息，
於解答重大歷史謎團亦有助益。如脫離重慶國民政府陣
營的汪精衛，於1939年3月在河內遇刺，雖逃過一劫，
其秘書曾仲鳴卻因此代其遭害。事發之初，各方及媒體
推論是軍統局所為，然而隨著更多訊息的浮現，真相反
而更顯撲朔迷離。

　　事發之初，蔣中正於日記記載：「汪未刺中，不幸
中之幸也」（1939年3月22日）；「汪在安南被刺，
雖未中，然敵或已明汪奸之欺偽賣空，而不信其與我
再有合作之餘地，故其停止冒進，亦有可能也」（1939
年4月3日）。並未明確表露此事係蔣下令軍統局為
之。由於未有確證，暗殺行動至少有四個說法。其一，
軍統局所為：目前資料可見軍統局的確跟蹤監視汪的動
向，將情報不斷回報重慶，行動者陳恭澍後來也有回憶
錄將這段故事和盤托出，雖沒有直接檔案之證實，軍統
局所為可能性很大。其二，日本人所為：曾追隨汪精衛
的高宗武指出，槍手在殺了曾仲鳴後，在屋中停留較
久，卻沒有進入汪的臥室，相當奇怪，因此推論這是日
本人冒充重慶方面所為，目的不是暗殺汪精衛，而是藉

殺死汪之密友曾仲鳴，刺激汪投向日本陣營。其三，此事與政府無涉，是曾仲鳴尋花問柳時因私人因素被刺。其四，中統局所為：雖軍統局已盯哨多時，伺機制裁，但中統局搶得先機。中統局局長朱家驊不忍對汪精衛下手，便拿曾仲鳴開刀。

對此疑案，作為直接史料的總報告，是否透露了甚麼？1939年的總報告對該年制裁者列有詳細表格，可惜的是「凡最機密並經專案呈報者未列」，但細究總報告的其他敘述，於「一年來工作實施之提要與檢討」中「行動／制裁漢奸」的檢討，提到：「高級之行動幹部，不易養成，於特殊地區之策劃，每多失當，本年三月河內一擊之無功，為本局行動工作最大之失敗。」明確指出河內刺殺（「河內一擊」）是軍統局所為，結果無功失敗，可見原來對象當為汪精衛。亦即，透過總報告作為關鍵史料，對汪案之行動者已有解答。

要而言之，總報告雖僅呈現軍統局立場，難免抬高自身、為己迴護、敘述片面，惟其史料價值應是無庸置疑。可惜目前僅能找到1937、1939兩年較完整的總報告，其他年份，或是已經銷毀，或仍藏於國防部軍事情報局並未公開。若能覓得更多總報告，對照回憶錄的敘述，並參照不同角度的史料，更精深的情報史研究或可期待。

編輯凡例

一、本書收錄特務處之 1937 年度工作總報告，該處係
　　由戴笠領導，為 1938 年 8 月建立的軍事委員會調
　　查統計局（簡稱軍統局）前身。

二、內文依照史料原文，採民國紀年。

三、為便利閱讀，本書另加現行標點符號。

四、所收錄史料原為豎排文字，本書改為橫排，抬頭逕
　　予取消，惟原文中提及「如左」（即如後）等文
　　字，皆不予更動。為便於排版閱讀，書中大表格文
　　字逕自呈現，不採表格方式。

五、遇原文錯字，本書於中括號〔〕內註記正確者。

六、編者說明以實心括號加編按表示，即【編按：】。

七、本書涉及之人、事、時、地、物紛雜，雖經多方
　　審校，舛誤謬漏之處仍在所難免，務祈方家不吝
　　指正。

目　錄

甲、組織人事

一、概述

　　竊查本處內外勤工作之部署與設施，按照本年份工作預定計畫，尚能逐步進行，惟或以人力、財力、環境等之關係或因時局之更張，忙於臨時應付，致全部組織與人事未能臻於健全。一年來為加強內勤之領導與策動外勤之工作計，對人事與組織，迭有適當之調整，而尤以蘆溝橋之事變，繼之淞滬之抗戰，時局進入一空前變動之階段，本處之策劃與應付亦隨之頻繁與緊張，詳情見內外勤變更事項及內外勤負責人員調動一覽表，茲不贅陳。此外並遵照二｜四年四月鈞座對內外勤人員應輪流互調工作之諭示，隨時切實奉行。現各內外勤重要人員，對於本處內外之情況，與本處負責人對各該人員之性能，已見溝通與明瞭，故關於工作之推動，實收異常之效果。

　　訓練方面，因本身工作之需要，一年來對情報、行動、譯電、交通、會計、電訊及外國語補習等，均先後分班訓練。但因既無一公開機關名義，可以公開吸收，而特工訓練，又不可公開招生，故各班受訓之學員，均由團體之保送，軍校畢業生調查處之介紹，與夫本處原有工作人員之抽調，質量多不堅強，訓練人才又不易多得。益以訓練期間之短促，雖注意精神與技術訓練之實施，尚少有幹練份子之造成，故今後對訓練之計畫與實施，正力謀有所改善也。

　　考核方面，則每月月終與每屆六個月，均遵照定例，舉行考績一次，由各級負責人切實辦理，彙報存處，為年終總考績之張本。其平時對於工作之有功績者，則隨時予以相當之獎勵；違犯紀律者，則予以嚴格之懲處，俾工作人員知所警惕與奮發。

　　為期工作佈置之週密，以適應長期抗戰之需要，大都實施雙軌制度。即一方儘量運用公開機關之掩護，以從事工作，其於未能取得公開機關之地區組織，因時間稍久，工作或有暴露之虞，亦皆分別附以極秘密之特別組織，俾於公開機關或原有組織至不能立足時，仍得繼續工作。並一面加強軍事通訊股之工作，派遣幹練之聯絡參謀於各戰區及各集團軍內，以收靈活情報之效。

　　綜計一年來生【編按：戴笠對蔣中正自稱學生】處之工作，就大體觀察，較之二十五年份，已有相當之進步，但缺點亦甚多。茲值二十六年份工作總報告編製竣事之際，檢討過去，策勵將來，敢將實際經過與體念之困難情形，敬為鈞座率直陳之。嘗考凡百事業成功之要素，不外人力、財力與權力也。試以生處情形而言，人力方面雖因工作進展日漸擴張，但因無一相當之公開名義掩護，可資號召，未能滿足一般人在政治上求出路之願望，益以生之資望未孚，而特務工作紀律既嚴，生活又甚艱苦，在社會上較有能力與能活動之人員，因格於上述事實，多裹足不前，難為我用。關於財力方面，就特工立場言，欲求工作之進展，當不外乎運用廣大之組織與多量金錢之收買二者。運用組織以擴展特務者，如蘇俄之運用其國內外共產黨也；運用金錢以擴展特務

者，如日本之收買吾國之漢奸也。以言運用組織，則吾人現有之團體細胞，散佈既不普遍，而組織又不嚴密，同志之精神渙散，幹部之意見紛歧，運用實異常困難。以言財力，自二十四年一月二十一日奉鈞座手諭，有生處經費如每月要超過十萬元，則其他部分將何以應付，等語。生體念鈞座維護之苦心與本處工作之無特殊成績表現，故三年來不敢輕易請求增加經費，同時受良心之督責，與責任之驅使，對於必須佈置之工作，又不敢輕易放棄。除儘量運用所掌握之公開部門經費，截長補短，以資挹注外，有時雖蒙鈞座發給特別費以資接濟，但虧空仍所難免，工作之進展殊受其影響也。以言權力，今日中央之特工制度未曾確立，組織未能統一，即權力未能集中，對工作人員之指揮監督均感困難，而於工作之效能不僅未能充分表現，有時幾等於零，甚至有奸惡未除，而特工人員反蒙不白之冤者。如過去貪污案件之檢舉，上級往往有交該管長官查復，其結果多官官相護，不曰挾嫌誣陷，即曰查無實據，甚至有上級之處置辦法未定，而被檢舉之本人即有知其係某所報告者，不僅逍遙法外，且謀多方報復，致令工作人員之品格高尚者，因之情緒低落，而意志較弱者，至有為貪污所利誘也，其為害較之人力、財力缺乏為有甚焉。此外鈞座一日萬幾，侍從室經辦情報之人員每有將認為不甚重要之情報，留中棄置，不予轉呈者。實則一事之成，一禍之作，均有其因素也，故情報之價值，在今日以為無關緊要者，而明日即發生莫大之作用矣。因之處理情報者，須有政治之頭腦，遠大之眼光，片書隻字，視同瓚

寶，整理統計，悉心研究，將其所得隨時供鈞座之參
證，而對生處所呈之情報，孰優孰劣，誰是誰非，何處
應求深入，何人應加注意，則隨時予以指示，但生處除
鈞座百忙中賜以訓示外，從未得上級經辦者之指示，是
一缺陷也。當此全面抗戰之時，默察內外情勢之艱危，
應如何發揮特工之效能，以應當前之需要，生當竭忠盡
智，勗勉從事，並與我內外勤同志堅忍以持之，毅力以
赴之，以期毋負鈞座之厚望，而所望於鈞座之裁成者，
亦至深且鉅也。

二、組織事項

子、內勤

（一）內勤組織系統表

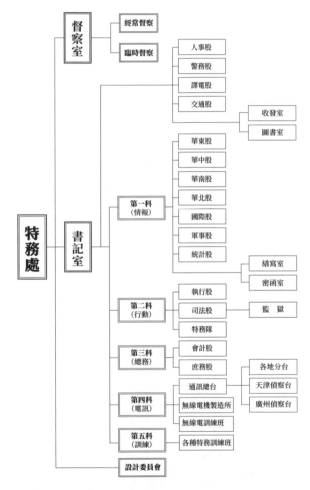

附註：無線電訓練班係電訊專門技術，故併入第四科。

（二）內勤各單位負責人一覽表

	職別	姓名	備考
書記室	書記長	梁幹喬	該員於十月七日及十一日先後調兼華北及鄭州辦事處主任，所遺書記長職務由副處長鄭介民兼代
	書記	毛人鳳	
	書記	鄭修元	
	書記	曾　堅	
	書記	楊繼榮	
	人事股長	李肖白	
	警務股代股長	周　康	
	譯電股股長	姚敦文	
	交通股股長	胡子萍	
第一科	代科長	傅勝藍	該科之執掌為處理情報事項
	副科長	何芝園	
	華東股股長	劉哲民	
	華中股股長	霍立人	該員於九月二十一日調任第六部三組二處處員，遺缺由華北股股長郭履洲兼代
	華南股股長	嚴靈峰	
	華北股股長	郭履洲	
	國際股代股長	陸遂初	該員於十二月二十五日調任湖南區岳州組組長，遺缺由華東股長劉哲民兼代
	軍事股股長	劉培初	該員於九月十五日調任第六部三組二處處員，所遺軍事股工作撥歸各部隊所在地區站組指揮
	統計股股長	黃　鐘	
第二科	科長	趙世瑞	該科之執掌為主管司法及行動事項
	司法股股長	余　鐸	
	執行股股長	蘇子鵠	
	特務隊隊長	許建業	
第三科	代科長	張袞甫	該科之執掌為主管會計、庶務及不屬其他各科事項
	會計股股長	徐人驥	
	庶務股股長	朱　燾	
第四科	科長	魏大銘	該科執掌為主辦電訊、交通事項
	電訊總台台長	蘇　民	該員於十月十三日調滬區電台督察，遺缺由報務主任于熾生代理
	無線電製造總工程師	陳韓森	
	無線電訓練班主任	董益三	
	上海三極無線電傳習所所長	蕭堅白	該所於八月三十一日與武昌無線電訓練班合併

	職別	姓名	備考
第五科	科長	余樂醒	該科之職掌為主辦訓練事項
	副科長	謝力公	
督察室	督察主任兼代	梁幹喬兼代	原督察主任劉哲民在兼代第一科科長期間,關於西安事變工作之情報處理有疏忽之咎, 經併案予以禁閉六個月,於八月十日開釋後派任第一科華東股長
設計委員會	主任委員	李果諶	該員於八月三十一日調兼察綏晉區區長

說明

一、本處內勤係指書記、督察二室、設計委員會及第
　　一、二、三、四、五科之直屬股、隊而言。

二、截至本年十二月底止內勤人數為八六八人(計處本
　　部一六八人、特務隊一六八人、第四科及各地電台
　　四八七人),修養三二人,合外勤工作人數二七零
　　九人,共計為三六零九人。

三、與上年底內外勤總數二四零二人比較,一年來增加
　　一二零七人。

(三) 內勤變更事項

月日	變更事項	原因	備考
一月二十七日	文書股撤銷歸併書記室	為期工作之迅速與增進效率計,以歸併為宜	
二月十二日	新監獄成立,原有禁押人犯之甲、乙、丙三地名義於同日取消		該監名義上雖於本日成立,因防禦、衛生等設備尚未竣工,至七月一日始正式開辦
七月二十六日	成立設計委員會	為策劃及推進工作起見,爰成立該會,以資統籌	

月日	變更事項	原因	備考
八月十七日	成立第五科	為期統一訓練及增高各工作人員技術計，特成立第五科	

丑、外勤

（一）外勤變更事項

月日	變更事項	原因	備考
一月九日	粵桂站成立東江組	健全粵省通訊網	該處原有通訊員
一月二十一日	成立天水通訊組	因西安事變，陝甘工作悉被破壞，乃建立該組以整理陝甘工作	
一月二十三日	成立武漢行營第三科	統一武漢工作，以利指揮	
一月二十三日	撤銷西北總部第三科	因陝變影響，失卻聯絡，不能活動	
一月二十三日	撤銷蘭州通訊組	因陝變影響，失卻聯絡，不能活動	
二月六日	天津站成立唐山組	唐山地區重要，故設組，並建立電台，以利工作	該處原有通訊員
二月十日	廣東財政密查組，改隸本處直屬	該組任務特殊，以直屬為宜	
二月十二日	撤銷漢口分站	歸併鄂省站，統一指揮	
二月十三日	成立蘭州通訊站	負臨時整理蘭州、寧夏等地工作	該處原屬甘寧青站
二月十三日	改組徐海站為徐州、海州兩通訊組	兩地分開組織，直屬本處，較為便利	
二月十五日	原北平區所轄天津站、察綏站、石莊站、保定組、順德組，均改隸處本部直接指揮	各該站組重要情報，原均直報京處，僅人事、經濟仍集中平區管轄，倘遇事變，有牽一髮而動全身之虞，故改直屬	

月日	變更事項	原因	備考
二月十五日	察綏站劃分為察省、綏遠兩站	察綏局勢緊張，劃分兩站，俾各負專責	
二月十五日	漢口偵緝隊，劃歸武漢三科指揮	謀武漢工作之統一，以便指揮	
三月三日	陝西漢中組撤銷	交通斷絕，無法指揮	
三月十日	成立華北軍事通訊組	主持東北軍通訊工作	
三月十六日	成立鐵道通訊組	統一指揮各路交通通訊	
三月二十六日	湘站所屬永州、寶慶、衡陽三分站，改為組，並增常德組一組	調整並改進湘省工作	
四月三日	天水站遷移蘭州，改為蘭州站	甘省已復常態，天水組遷移蘭州，俾便主持甘寧青工作	
四月五日	蘭州組撤銷	併蘭州站	
五月一日	河南站分別建立鄭州、商邱、安陽、新鄉、許昌、南陽、周口、駐馬店、潢川、洛陽、陝縣十一小組	按該省十一個行政區，分設小組加強工作	
五月七日	建立宜昌分站	以應付四川動盪之局勢	該處原有通訊員
五月八日	建立漢中分站	以應付四川動盪之局勢	該處原係漢中組
五月十一日	四川三科特務組合併第二股，原第二股改為第三股	加強行動工作	
五月十四日	四川行營三科建立萬縣、南充、簡陽、雅安、瀘縣、綦縣等六組	因川省局勢嚴重	

月日	變更事項	原因	備考
五月十七日	擴大皖站蚌埠組範圍，將蚌埠郵檢所及懷遠、宿遷等十六縣情報員劃歸該組指揮，並改隸直屬京處，仍為皖站之一部分	東北軍開赴蚌埠，環境複雜	
五月二十五日	西安行營第一科所轄西安四小組取銷，另建立一西安組，並將蘭州站及漢中分站，撥該科指揮	統籌西安工作	
七月一日	恢復泰安通訊組	加強華北組織	該處原有通訊員
七月六日	湖南站屬永州小組與本處直轄零陵組合併，改稱零陵組，歸湖南站指揮	調整人事	
七月二十日	南京特別組改歸南京區指揮	該組工作成績欠佳，改隸京區俾便直接指揮	該組係韓國籍同志所組織，由團體撥歸本處指揮
七月二十二日	北平區所轄一、二兩站，改為一、二、三，三組	適應北平環境	一、二兩組專司情報工作，三組專司行動、軍運工作
七月二十三日	成立德州通訊組	適應戰時需要	該處原有通訊員
七月二十七日	成立滄州通訊組	適應戰時需要	該處原有通訊員
七月二十七日	簡陽通訊小組撤銷	減少單位	該組通訊員撥歸川康區直接指揮
七月三十一日	成立保定辦事處	就近指揮督促華北各站組工作	
八月四日	成立乍浦通訊組	日軍有在滬方擴大戰爭趨勢，本處加強華東組織	
八月十三日	成立松江通訊組	日軍有在滬方擴大戰爭趨勢，本處加強華東組織	該處原有通訊員
八月二十日	成立廈門特別通訊組	為應付非常時期之局勢及加強閩南組織	該處原有通訊員

月日	變更事項	原因	備考
八月二十日	成立漳州特別通訊組	為應付非常時期之局勢及加強閩南組織	該處原有通訊員
八月二十四日	宜昌分站撤銷	減少單位，統一指揮	
八月二十六日	成立濰縣通訊組	適應戰時需要	
八月二十六日	成立武漢特別組	加強武漢組織	
八月三十一日	成立察綏晉區	加強華北組織，並就近指揮察綏晉各站組工作	
九月七日	陝科特務組撤銷，歸併西安組	統一指揮	
九月九日	撤銷贛州通訊小組	組長人選困難，暫無設置必要	
九月十日	成立江陰通訊小組	適應戰時需要	該處原有通訊員
九月十三日	成立大同通訊組	適應戰時需要	該處原有通訊員
九月十七日	成立成都臨時偵查組	加強四川偵查工作	
九月二十四日	成立正定通訊站	保定失守後，使前方能繼續工作	該站因根基未固，及軍事失敗，建立僅三日即撤銷
九月二十五日	成立廈鼓行動組	應付非常時期，適應戰時需要	
九月二十七日	成立煙台通訊組	適應戰時需要	該處原有通訊員
九月二十九日	成立龍口通訊組	適應戰時需要	該處原有通訊員
九月二十九日	成立威海衛通訊組	適應戰時需要	該處原有通訊員
九月二十九日	成立川陝公路通訊組	加強川陝邊區工作	
九月二十九日	福州特務組撤銷，與閩保安處諜報股合併	調整人事與統一工作	
十月二日	成立代縣通訊分站	適應戰時需要	該處原有通訊員
十月七日	成立華北辦事處	就近指揮督促華北各站組工作	因華北局勢緊張，為便於控制各站組工作起見，故該辦事處設於保定
十月十三日	成立娘子關通訊小組	適應戰時需要	

月日	變更事項	原因	備考
十月二十七日	成立津浦路流動組	偵查津浦前線各地情況	
十月二十七日	成立綏遠臨時通訊站	綏垣失陷後，工作尚未恢復，暫成立此組，以便就近指揮留綏各通訊員	
十月二十七日	滄州通訊組撤銷	該組隨軍退卻，已失工作價值	
十一月一日	成立杭州通訊站	原浙站人員多有公職，在非常時期不能立足	該處原係浙江站
十一月一日	武漢特別組撤銷	減少單位統一指揮	
十一月三日	成立太原通訊小組	為使非常時期尚能繼續工作之準備	
十一月六日	成立上海第二組	適應戰時需要	
十一月七日	成立嘉興通訊組	適應戰時需要	該處原有通訊員
十一月八日	恢復保定通訊組	原保定站長隨軍退卻，工作解體	原站長侯化民已執行槍決
十一月十日	恢復張北通訊小組	察省失陷後，該組曾暫停工作	該處原有通訊員
十一月十一日	成立肅州通訊小組	加強西北組織，應付非常時期	該處原有通訊員
十一月十一日	成立隴東通訊小組	加強西北組織，應付非常時期	該處原有通訊員
十一月十一日	成立南疆通訊小組	加強西北組織，應付非常時期	該處原有通訊員
十一月十六日	成立金華通訊組	浙省府遷金華後，本處就原浙站遷金人員成立該組	該處原有通訊員
十一月十七日	保定辦事處撤銷	該處隨軍退至新鄉，已失工作價值	
十一月十七日	成立平漢路通訊組	就保定辦事處原有人員組織成立	
十一月十八日	成立大名臨時通訊站	適應戰時需要	該處原有通訊員
十一月十八日	成立南和通訊小組	適應戰時需要	該處原有通訊員
十一月十八日	成立永年通訊小組	適應戰時需要	該處原有通訊員

月日	變更事項	原因	備考
十一月十八日	成立乍浦通訊小組	適應戰時需要	
十一月十八日	成立宜興通訊組	適應戰時需要	該處原有通訊員
十一月十八日	成立無錫通訊組	適應戰時需要	該處原有通訊員
十一月二十九日	成立京杭鐵路通訊組	適應戰時需要	
十一月二十九日	成立京滬鐵路通訊組	適應戰時需要	
十二月四日	成立蒙旗通訊組	深入蒙古境內，明瞭蒙古情形	
十二月十一日	成立隨節辦事處及隨節行動組	為便於情報之處理及加強護衛領袖之力量	
十二月十一日	成立蚌埠辦事處	就近指揮督促津浦路沿線各站組工作	
十二月十一日	改華北辦事處為鄭州辦事處	華北辦事處原設保定，保定失陷後移至鄭州，因該處為軍事重地，且便於指揮也	
十二月十一日	成立南昌辦事處	就近指揮督促江西、浙江、皖南各站組工作	
十二月十一日	成立漢口辦事處	武漢為軍事政治重要地區，總處遷湘後，為辦事便利起見，有設辦事處之必要	
十二月十六日	成立景德鎮通訊小組	適應戰時需要	該處原有通訊員
十二月十六日	擴湖南站為湖南區	該省為後方重地，且縮轂南北交通，應亟加強組織	
十二月十六日	成立長沙通訊站	各軍事機關多數遷湘，湖南工作甚為重要	該處原屬湖南站
十二月十六日	成立屯溪通訊站	適應戰時需要	該處原有通訊員
十二月十六日	成立湖口通訊小組	適應戰時需要	該處原有通訊員
十二月二十四日	成立贊皇、元氏、遼縣流動組	適應戰時需要	

月日	變更事項	原因	備考
十二月二十五日	成立衡山通訊站	該處為軍事重要地區，且縮轂南北交通，為加強偵查及警衛力量	
十二月二十五日	成立岳州通訊小組	應付非常時期	該處原有通訊員
十二月二十五日	成立株萍通訊小組	應付非常時期	該處原有通訊員
十二月二十五日	成立桐建通訊組	適應戰時需要	該處原有通訊員
十二月二十五日	成立寧波通訊組	適應戰時需要	該處原有通訊員
十二月二十六日	成立澳門通訊小組	應付非常時期	該處原有通訊員

（二）外勤組織系統表

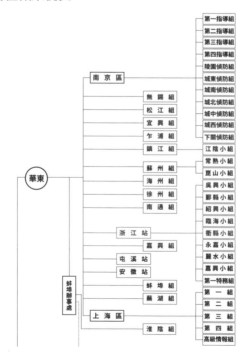

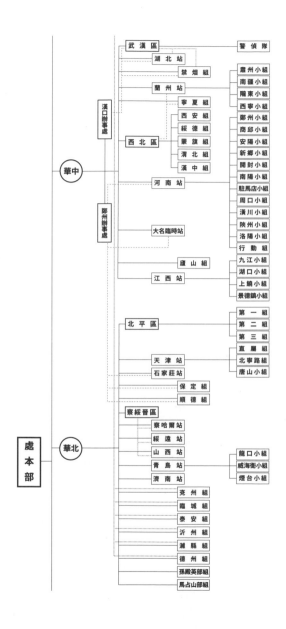

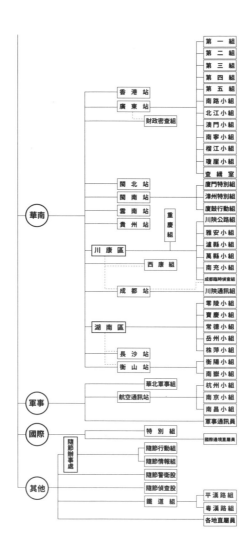

（三）外勤各單位負責人一覽表

地區	區站組別	職別	姓名	備考
華東區	南京區	區長	錢新民	
	上海區	區長	周偉龍	
	蘇州組	組長	程一鳴	
	宜興組	組長	張開運	
	無錫組	組長	劉時雍	
	鎮江組	組長	樂　天	
	南通組	組長	顧寄萍	
	松江組	組長	周　超	
	乍浦組	組長	蔣劍民	
	嘉興組	組長	徐錦榮	
	浙江站	站長	翁光輝	
	海州組	組長	張守謙	
	徐州組	組長	岳燭遠	
	安徽站	站長	蔡慎初	
	蚌埠組	組長	曲卜玄	
	蕪湖組	組長	洪雲樵	
	屯溪站	站長	唐玉崐	
	蚌埠辦事處	主任	江雄風	津浦鐵路小組高榮組附之
華中區	漢口辦事處	主任	曾　堅	兼
	武漢區	區長	簡　樸	
	湖北站	站長	朱若愚	
	禁烟密查組	組長	倪超凡	
	南昌辦事處	主任	傅勝藍	兼
	江西站	站長	王立生	
	廬山組	組長	劉漢東	
	鄭州辦事處	主任	梁幹喬	兼
	河南站	站長	劉藝舟	
	大名臨時站	站長	劉安邠	
	西北區	區長	張毅夫	
	蘭州站	站長	任冠軍	
	寧夏組	組長	鄭　康	

地區	區站組別	職別	姓名	備考
華北區	北平區	區長	王道成	
	天津站	站長	陳一新	
	保定組	組長	趙文玉	
	石家莊站	站長	鑰賡元	
	順德組	組長	周紹文	
	察綏晉區	區長	李果諶	兼
	察哈爾站	站長	馬漢三	
	綏遠站	站長	史　泓	
	山西站	站長	薄有錢	
	孫殿英部組	組長	嚴家誥	
	馬占山部組	組長	李元超	
	青島站	站長	賈心吾	
	濟南站	站長	和仲平	
	濰縣組	組長	路松齡	
	兗州組	組長	薛靖寰	
	臨城組	組長	武　儒	
	沂州組	組長	陶國強	
	泰安組	組長	張慎之	
	德州組	組長	王露芬	
	煙台組	組長	劉日德	
	龍口組	組長	王福勛	
	威海衛組	組長	吳秉衡	
華南區	川康區	區長	王孔安	
	成都站	站長	何龍慶	
	川陝通訊組	組長	廖宗澤	
	西康組	組長	徐昭駿	
	香港站	站長	岑家焯	
	廣東站	站長	吳賡恕	
	廣東財政密查組	組長	李崇詩	
	雲南站	站長	黃毅夫	
	貴州站	站長	桂運昌	
	閩南站	站長	沈覲康	
	閩北站	站長	陳祖康	
	湖南區	區長	李人士	
	長沙站	站長	程頤夫	
	衡山站	站長	段　復	
軍事	華北軍事組	組長	樓兆元	
	航空站	站長	熊　飛	

地區	區站組別	職別	姓名	備考
其他	南京特別組	組長	陳國斌	
	隨節警衛股	股長	羅　毅	
	隨節偵查股	股長	黎鐵漢	
	隨節行動組	組長	王兆槐	
	鐵道組	組長	陳紹平	
	平漢鐵路小組	組長	李　葉	
	粵漢鐵路小組	組長	金遠詢	

說明

一、上列各處區組以直屬處本部者為限，其由各區直轄之站組，及由各站直屬之分站及小組等名稱及其負責人均從略。

二、截至本年十二月底止，外勤工作人數為二七四一人。

三、與上年底外勤總人數二四〇二人比較，一年來增加一二零七人。

（四）運用機關一覽表

機關名稱	職務	姓名	與本處關係	運用目的與方法
首都警察廳	廳長	王固磐	工作聯繫	運用該廳特警課為京區掩護
杭州警察局	局長	趙龍文	工作聯繫	協助佈置杭州偵查網
蘭州警察局	局長	馬志超	本處工作同志	協助佈置蘭州偵查網
西安警察局	局長	杭　毅	工作聯繫	運用該局偵緝隊做行動掩護
廈門警察局	局長	沈覲康	本處閩南站長	掩護閩南站工作
福州警教所	所長	胡國振	本處工作同志	運用該所訓練下級情報員
福州警察局	特務組長	毛善森	本處工作同志	用作行動工作掩護
漢口警察局	偵緝隊長	東方白	本處工作同志	用作行動工作掩護
九江警察局	局長	柯建安	本處工作同志	協助佈置九江偵查網
鄭州警察局	局長	楊　蔚	本處工作同志	協助佈置鄭州偵查網及行動工作之掩護
廬山警察署	署長	劉漢東	本處廬山組組長	掩護廬山組工作

機關名稱	職務	姓名	與本處關係	運用目的與方法
參謀本部第五處	處長	鄭介民	本處副處長	與該處做情報之交換並運用其所辦之參謀部訓練班以訓練吸收軍事情報員
鐵道部隊警總局	副局長	陳紹平	本處鐵道組組長	運用該局佈置鐵路交通網及情報網
憲兵司令部	政訓處長	張炎元	本處工作同志	運用佈置軍事情報員
上海警備司令部	偵查隊長	王兆槐	本處滬區第一組長	掩護行動工作
廣東水陸緝私總部	處長	張君嵩	工作聯繫	協助佈置廣東情報網
廣東財政廳財務密查組	組長	李崇詩	本處工作同志	擔任廣東財政密查工作
廣東財政廳	特務大隊長	文重孚	工作聯繫	協助佈置廣東情報網
廣州市黨部	常務委員	邢森洲	本處兩粵督察	隨時考核兩粵及香港工作
浙江民政廳	保安科長	張　師	本處工作同志	協助佈置杭州情報網
南昌飛機製造場防護隊	隊長	婁劍如	本處工作同志	擔任飛機場防護偵查工作
榕江縣政府	縣長	鄧匡元	本處工作同志	協助佈置對桂情報網
後方勤務部警務隊	隊長	喻耀離	本處工作同志	擔任偵查關乎該部之一切
川陝公路成都稽查所	所長	廖宗澤	本處川陝通訊組長	掩護川陝組工作
河南保安處諜報股	股長	劉藝舟	本處河南站長	掩護河南站工作
湖北保安處第四科	科長	朱若愚	本處湖北站長	掩護湖北站工作
安徽保安處諜報股	股長	蔡慎初	本處安徽站長	掩護安徽站工作
浙江保安處諜報股	股長	翁光輝	本處浙江站長	掩護浙江站工作
江西保安處諜報股	股長	謝厥成	本處江西站副站長	掩護江西站工作
貴州保安處諜報股	股長	桂運昌	本處貴州站長	掩護貴州站工作
福建保安處諜報股	股長	張　超	本處閩北站長	掩護閩北站工作
四川行營第三課	代課長	王孔安	本處川康區長	掩護川康區工作

機關名稱	職務	姓名	與本處關係	運用目的與方法
武漢行營第三科	代科長	簡　樸	本處務漢區長	掩護武漢區工作
武漢警備司令部稽查處	代處長	簡　樸（兼）	本處武漢區長	用作行動工作之掩護及協助佈置武漢偵查網
西安行營第四科	代科長	張毅夫	本處西北區長	掩護西北區工作
軍政部兵工署駐港辦事處	秘書	陳質平	本處工作同志	協助佈置香港偵查網
廣州市警察訓練所	所長	李國俊	本處工作同志	運用該所訓練下級情報員
福建綏署第五處	副處長	胡國振	本處工作同志	協助佈置福建偵查網
粵漢路警察署	署長	史　銘	本處工作同志	佈置鐵道交通網
京滬滬杭兩路警察署	署長	吳洒憲	本處工作同志	佈置鐵道交通網
津浦鐵路警察署	署長	張輔邦	工作聯繫	佈置鐵道交通網
南京郵電檢查所	副所長	羅杏芳		
上海郵電檢查所	所長	秦承志		
鎮江郵電檢查所	審查員	劉炫華		
杭州郵電檢查所	審查員	宋廷均		
徐州郵電檢查所	審查員	高彭年		運用檢查反動函電供給情報材料與偵查線索並保護本處通訊之安全
海州郵電檢查所	所長	王諮民	由本處薦請統計局委派	
安慶郵電檢查所	審查員	王鴻賓		
蚌埠郵電檢查所	所長	胡　辣		
蕪湖郵電檢查所	審查員	符雲峰		
武漢郵政檢查所	所長	解鴻祥		
武漢電報檢查所	所長	錢乃治		

機關名稱	職務	姓名	與本處關係	運用目的與方法
長沙郵電檢查所	所長	彭家友		
南昌郵電檢查所	所長	權　晙		
鄭州郵電檢查所	所長	王啟升		
洛陽郵電檢查所	審查員	葉寶銓		
開封郵電檢查所	審查員	呂尚功		
重慶郵電檢查所	所長	李介民	由本處薦請統計局委派	運用檢查反動函電供給情報材料與偵查線索並保護本處通訊之安全
成都郵電檢查所	審查員	許乾剛		
貴州郵電檢查所	審查員	李修凱		
西安郵電檢查所	審查員	胡覲如		
蘭州郵電檢查所	所長	曾昭善		
福州郵電檢查所	所長	姚則崇		

附註

本處薦派各郵電檢查所人員均劃歸各該地區站組指揮。

（五）全國分區圖

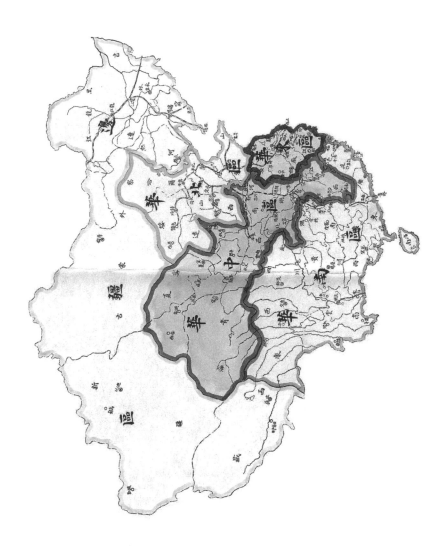

（六）情報網佈置概況圖

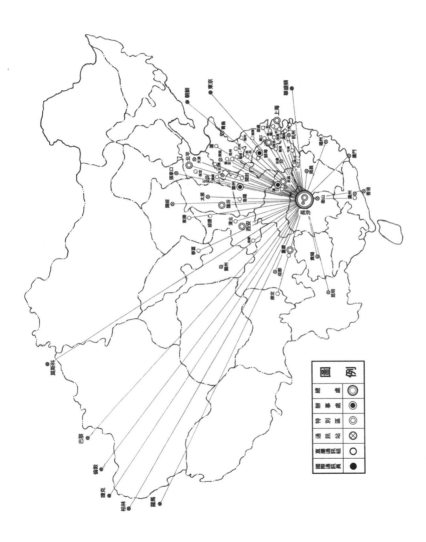

（七）電訊網佈置概況圖

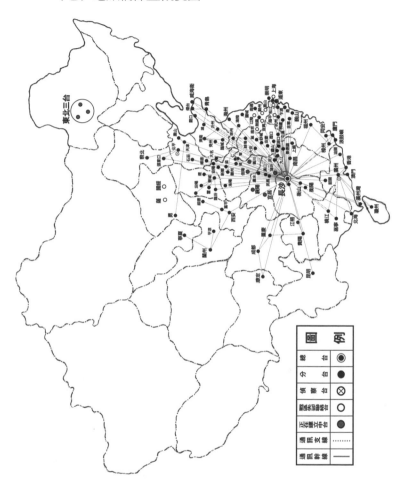

說明：
一、硯台：隨張硯田部
二、智台：隨孫殿英部
三、仁台：隨孫殿英部
四、勇台：隨馬占山部
五、梁台：隨本處梁幹喬同志
六、東北三台：隨李杜部

（八）交通網佈置概況圖

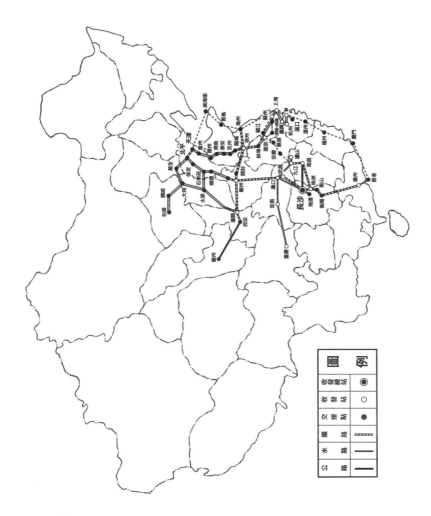

說明
實線表示現在可通的路線
虛線表示現在不通的路線

三、人事概況

子、內外勤負責人員調動一覽表

調任職務	姓名	原任職務	調動日期	調動原因	備考
本處書記長	梁幹喬	滬區區長	一月九日	冀加強內勤工作之指導	
代理滬區區長	王兆槐	滬區第一組長	一月九日	因梁幹喬調處工作，新區長尚未到職，暫派代理	
廣東財政密查組長	李崇詩	粵財政廳秘書	一月十三日	新設	
天水組組長	任冠軍	蘭州站副站長	一月二一日	陝變後改充	
武漢行營第三科代科長	簡樸	杭警校特派員辦公室書記	一月二三日	負責整理武漢工作	
杭警校特派員辦公室書記長	汪祖華	星子特訓班教官	一月二三日	因簡樸另調工作	
漢三科第二股股長	何龍慶	武漢警備部稽查處第一科科長	一月二七日	人事與工作之調整	
武漢警備司令部稽查處第一科長	周大烈	川三科第二股長	一月二七日	熟悉武漢情形	
書記室書記	曾堅	文書股股長	一月二七日	因文書股歸併書記室	
華北股股長	霍立人	華中股股長	二月六日	熟悉華北情形	
華中股股長	郭履洲	華中股副股長	二月六日	因工作負責有成績	
代理沂州組長	陶國強	沂州組通訊員	二月十一日	該員為魯南日報記者，熟悉當地情況	原任組長戚南譜調京另候任用
湖北站站長	朱若愚	漢口分站站長	二月十二日	工作努力	
武漢區督察	廖樹東	湖北站站長	二月十二日	輔助漢三科調整武漢工作	
海州組組長	鄭興周	徐海站站長	二月十三日	徐海暫改為徐州、海州兩組	
徐州組組長	岳燭遠	徐海站副站長	二月十三日	期開展徐州工作	

調任職務	姓名	原任職務	調動日期	調動原因	備考
察哈爾站站長	馬漢三	察綏站站長	二月十五日	察綏分設兩站	
綏遠站站長	史　泓	察綏站副站長	二月十五日	察綏分設兩站	
第一科副科長	毛人鳳	書記室書記	二月十七日	長於情報，藉以充實該科	
滬區區長	周偉龍	第二科副科長	二月二一日	期負責開展滬區工作	
滬區第一組組長	王兆槐	代理滬區區長	二月二一日	因負責有人，故解除代理職務	
粵漢路組組長	金遠詢	湖南站站長	二月二一日	因該組工作成績太差，調金負責整理	
代理湖南站站長	段　復	湖南站通訊員	二月二一日	工作較有成績，故升代站長	
平漢路組副組長	施　岳	平漢路組組長	二月二一日	因公職關係，不能以全力負責組務	
平漢路組組長	李　葉	平漢路警察署督察主任	二月二一日	沿線情形熟悉，利用公職開展工作	
代理海州組組長	王諮民	海州組副組長	三月三日	原組長鄭興周調禁烟密查組組員	
華北軍事通訊組長	樓兆元	前西北總部第三科直屬組組長	三月十日	為佈置華北軍事情報員	
兼鐵道組組長	陳紹平	鐵道部隊警總局督察處督察長	三月十六日	為統一指揮各路交通通訊	
零陵組組長	呂　春	前甘寧青站書記	三月十六日	謀推進廣西工作	
第二科科長	趙世瑞	西安辦事處督察	三月二六日	原代科長周偉龍調滬區區長	
蘭州站站長	任冠軍	天水組組長	四月三日	整理甘寧青工作	
兼人事股股長	錢新民	第一科科長	四月七日	原股長調軍事股長	
軍事股股長	劉培初	人事股股長	四月七日	原股長調鐵道隊警總局工作	
鐵道部鐵道隊警總局督察處內勤主任	胡天秋	軍事股股長	四月七日	因在處工作甚久，故外調	

調任職務	姓名	原任職務	調動日期	調動原因	備考
北平區區長	王道成	西安辦事處主任	四月十六日	王對華北情形熟悉，且有路線	
重慶第三科代科長	李果諶	北平區區長	四月二九日	川局緊張，李嫻軍事，可資應付	
西安行營第四科代科長	張毅夫	重慶第三科代科長	四月二九日	因張曾任西安總部三科代科長	
兼代特務隊隊長	蘇子鵠	執行股股長	五月五日	因隊長劉乙光在溪口，不能兼顧	
兼宜昌分站長	廖樹東	武漢區督察	五月七日	因川局緊張，設立分站，以廖負責適宜	
成都站站長	何龍慶	武漢三科第二股股長	五月七日	何過去曾在蓉工作，為應付川局，何乃熟手也	
川三科督察	王孔安	成都站站長	五月七日	工作熱心及四川情形熟悉	
川三科第二股股長	趙理君	滬行動組組長	五月七日	熟悉四川情形及長於行動工作	
滬行動組組長	許建業	滬行動組副組長	五月七日	因組長趙理君調職	
漢中分站站長	高曾傳	前漢中組組長	五月八日	西安事變後漢中地區重要，故改設分站	
蘇州組代組長	羅道隆	蘇州組副組長	五月十三日	原兼組長趙理君調川三科第二股股長	
雲南站站長	黃毅夫	雲南站通訊員	五月二三日	因站長李毓楨調京，以黃暫時負責	
軍委會衛士大隊大隊附	汪德龍	京區區長	六月十八日	該員適宜於帶兵工作，因病尚未到差	
京區區長	錢新民	第一科科長兼人事股長	六月十八日	對本處與京區情形甚熟悉	
第一科代科長	傅勝藍	第一科華東股長	六月十八日	在處工作甚久，熟悉第一科情形	
人事股股長	李肖白	書記室書記	六月十八日	因辦事之精細與負責	
華東股代股長	程一鳴	華南股副股長	六月十八日	原股長傅勝藍升代第一科科長	
海州組組長	張守謙	鎮江組副組長	六月二七日	原組長王諮民另有任務	
泰安組組長	張慎之	順德組組長	七月一日	該員原為泰安組長，對泰安情形頗為熟悉	
順德組組長	周紹文	順德組副組長	七月一日	原組長張慎之調職	

調任職務	姓名	原任職務	調動日期	調動原因	備考
華北股副股長	唐玉崑	修養釋放	七月十一日	因熟悉第一科情形	因案禁閉
西安行營第四科行動組組長	張問達	京區通訊員	七月十六日	熟悉西安情形	
川陝公路成都稽查所所長	廖宗澤	成都站副站長	七月二三日	做事負責任及熟悉四川情形	
德州組組長	王露芬	青島站站長	七月二三日	在青島工作成績頗佳，且熟悉德州情形	
設計委員會主任委員	李果諶	川三科代科長	七月二六日	因曾任本處書記長，熟悉內外勤情形	
川三科代科長	王孔安	川三科督察	七月二六日	該員在川甚久，對川局情形頗熟悉	
華北股股長	郭履洲	華中股股長	七月二六日	該員做事甚精細，蘆溝橋事變後華北工作甚忙	
華中股股長	霍立人	華北股股長	七月二六日	因郭履洲調華北股工作	
第一科副科長	何芝園	統計股股長	七月二六日	因工作熱心，加以第一科長傅勝藍精神稍差，故派副科長幫助	
滄州組組長	張家銓	平區通訊員	七月二七日	該員係南皮縣人，對滄州情形熟悉	
滬區虹口組組長	沈醉	滬區通訊員	七月二九日	蘆溝橋事變後上海情勢緊張，故在虹口設組	
滬區閘北組組長	周志成	滬區通訊員	七月二九日	蘆溝橋事變後上海情勢緊張，故在閘北設組	
統計股股長	黃鐘	統計股股員	七月二九日	因原股長何芝園調升第一科副科長	
保定辦事處主任	江雄風	修養釋放	七月三一日	因蘆溝橋事變後保定地區重要，及便於指揮華北各站組工作	因西安事變該員應負相當責任，予以禁閉處分
滬區吳淞組組長	程慕頤	直屬通訊員	八月一日	蘆溝橋事變後上海情勢緊張，故在吳淞設組	
乍浦組組長	蔣劍民	九江組副組長	八月四日	蘆溝橋事變後上海情勢緊急，故在乍浦設組	
滬區浦東行動組組長	陳致敬	護航隊隊附	八月五日	因上海情勢緊急，故在浦東增設行動組	
華東股股長	劉哲民	修養釋放	八月十日	因股長原係程一鳴代理	因西安事變該員應負相當責任，予以禁閉處分

調任職務	姓名	原任職務	調動日期	調動原因	備考
南京區城東偵防組組長	司馬傳	修養釋放	八月十日	因蘆溝橋事變後京區工作加強	該員違抗命令，予以禁閉處分
南京區第三指導組組長	羅夢蒂	修養釋放	八月十日	因蘆溝橋事變後京區工作加強	該員違抗命令，予以禁閉處分
南京區城南偵防組組長	張夢武	修養釋放	八月十日	因蘆溝橋事變後京區工作加強	該員違抗命令，予以禁閉處分
第一科軍事股副股長	李毓楨	修養釋放	八月十日	因蘆溝橋事變後軍事通訊增加	該員在雲南工作擅見龍雲，暴露任務，予以禁閉
松江組組長	周超	徐州組書記	八月十七日	因淞滬抗戰發生	
兼第二科科長	李果諶	設計委員會主任委員	八月十七日	科長原由生兼任，後以赴滬指揮別動隊工作，故派該員兼任	
第五科科長	余樂醒	參謀本部參謀訓練班教務主任	八月十七日	因滬戰發生後，本處增設各短期訓練班	
孫殿英部通訊組長	嚴家誥	京區通訊員	八月十七日	因孫殿英奉委為冀察游擊司令，為切實聯絡且藉其掩護，及加強華北通訊工作起見	
漳州特別通訊組組長	柯鸞聲	閩南站通訊員	八月二十日	閩南非常時期之佈置	
廈門特別通訊組組長	張子白	閩南站通訊員	八月二十日	閩南非常時期之佈置	
電政司偵查台台長	陳祖舜	總偵台台長	八月二十三日	協助電政司偵查工作	
滬區崇明組代組長	王辛盤	滬區通訊員	八月二十三日	因滬戰發生，崇明地區重要	
武漢區督察	廖樹東	宜昌分站長	八月二十四日	川局稍形穩定，宜昌分站撤銷	
蘇州組組長	程一鳴	華東股副股長	八月二十五日	對華東情形熟悉	
蘇州組副組長	羅道隆	蘇州組組長	八月二十五日	組長負責有人，仍回原職	
蚌埠郵檢所長	胡辣	華東股股員	八月二十七日	奉調查統計局命派遣	

調任職務	姓名	原任職務	調動日期	調動原因	備考
濰縣組組長	路松齡	德州組組員	八月二七日	華北戰事擴大，濰縣地區重要，故設立濰縣組	
察綏晉區區長	李果諶	第二科科長兼主任設計委員	八月三一日	該員在華北甚久，情形熟悉	
譯電股副股長	夏天放	四川郵檢所新聞股長	九月一日	戰事發生後電報驟增，故加派副股長	
江陰組組長	錢崇道	鎮江通訊組員	九月十日	滬戰發生後，江陰地區重要	
大同組組長	王小魯	察站通訊員	九月十三日	華北戰事緊張，大同地區重要	
重慶組組長	王一士	重慶組副組長	九月二四日	因原任組長張樹良調職	
正定站站長	鄭興周	保定辦事處通訊員	九月二四日	華北戰事緊張，正定地區重要	
廈鼓行動組長	張聖才	閩南站通訊員	九月二五日	因蘆溝橋事變後閩南漢奸在廈門一帶活動	
南京郵檢所副所長	羅杏芳	總台督察	九月二七日	因原副所長童褱調職	
上海特務隊長	趙理君	本處特務隊長	九月二七日	該員前在上海工作甚久，情形熟悉	
煙台組組長	劉日德	青島站通訊員	九月二七日	華北戰事擴大，增設煙台組	
龍口組組長	王福勛	青島站通訊員	九月二九日	華北戰事擴大，增設龍口組	
威海衛組組長	吳秉衡	青島站通訊員	九月二九日	華北戰事擴大，增設威海衛組	
兼第二科科長	趙世瑞	首都警察廳保安總隊長	十月一日	該員為本處第二科長，後調首都警察廳保安總隊長，為工作便利計，仍調現職	
代縣分站長	張存仁	山西站通訊員	十月二日	華北戰事擴大，增設代縣分站	
兼華北辦事處主任	梁幹喬	本處書記長	十月七日	華北戰事緊張，為便利指揮華北各站組工作起見	
成都站副站長	王一士	重慶組組長	十月十二日	原副站長廖宗澤調職	
娘子關組組長	張清和	察綏晉區通訊員	十月十三日	華北戰事緊張，增設娘子關組	
濟南站站長	賀　元	蘆山警察署長	十月十五日	該員為山東人，曾任濟南站督察，對當地情形熟悉	

調任職務	姓名	原任職務	調動日期	調動原因	備考
寧夏組組長	鄭　康	寧夏組組員	十月二六日	原組長另調	
蒙旗組組長	褚大光	綏德組組長	十月三十日	蒙古情形熟悉	
綏德組代組長	唐伯先	綏德組組員	十月三十日	原組長褚大光另調	
蘭州郵檢所長	曾昭善	西安郵檢所審查員	十一月四日	原所長常宜中另調工作	
嘉興組組長	徐錦榮	南京區通訊員	十一月七日	滬戰吃緊，增設嘉興組	
保定組副組長	劉文修	北平區會計	十一月八日	原保定站已解體，派劉前往新建工作	
閩北站代站長	陳祖康	閩警教所政訓主任	十一月十日	原任站長張超另有任用	
廣東查緝室第二組組長	鍾可莊	桂林組組長	十一月十日	因桂林組工作失敗，鍾另調工作	
張北組組長	陳繹如	察站通訊員	十一月十日	華北失陷後，張北地區重要	
肅州組組長	楊學重	蘭州郵檢所檢察員	十一月十一日	擴展西北工作，增設肅州組	
隴東組組長	王驚鐘	蘭州站通訊員	十一月十一日	擴展西北工作，增設隴東組	
南疆組組長	梁國棟	蘭州站通訊員	十一月十一日	擴展西北工作，增設南疆組	
兼金華組組長	張　師	浙省府民政廳科長	十一月十六日	浙省府遷移金華	
平漢線督察	江雄風	保定辦事處主任	十一月十七日	華北軍事失敗，該處無法工作	
保定組組長	趙文玉	保定組通訊員	十一月十七日	該組恢復工作，尚未派定組長	
無錫組代組長	劉時雍	蘇州組通訊員	十一月十八日	該員為無錫人，情形熟悉	
鎮江組副組長	蕭嘯風	鎮江組通訊員	十二月四日	加強鎮江工作	
隨節行動組組長	王兆槐	滬區第一組長	十二月十一日	上海軍事失利，該員在滬不能立足	
蚌埠辦事處主任	江雄風	平漢線督察	十二月十一日	就近指揮督促津浦沿線各站組工作	
鄭州辦事處主任	梁幹喬	華北辦事處主任	十二月十一日	華北戰事轉變，鄭州地區重要	
漢口辦事處主任	曾　堅	本處書記室書記	十二月十一日	南京戰事吃緊，湖北工作之指揮及後方之聯絡均甚重要	

調任職務	姓名	原任職務	調動日期	調動原因	備考
湖口組組長	鄧維新	禁烟密查組通訊員	十二月十六日	京蕪戰事轉變，增設湖口組	
景德鎮組組長	黎詹青	江西站通訊員	十二月十六日	京蕪戰事轉變，增設景德鎮組	
屯溪站站長	唐玉崐	蘇浙行動委員會督導組長	十二月十六日	京蕪戰事轉變，增設屯溪站	
湖南區區長	李人士	華北辦事處內勤	十二月十六日	廣東情勢緊張，湖南地區重要	
長沙站行動組長	范玉厚	湖南站通訊員	十二月二三日	防止漢奸活動，加強行動力量	
衡山站站長	段 復	湖南站站長	十二月二五日	加強湘南組織	
岳陽組組長	陸遂初	第一科國際股代股長	十二月二五日	該員熟悉岳陽情形	
桐建組組長	方 曉	滬區督察	十二月二五日	杭州戰事吃緊，桐盧、建德地重重要	
寧波組組長	戚靜之	寧波通訊員	十二月二五日	杭州戰事吃緊，寧波地區重要	

丑、各地工作人員殉難槍決失蹤潛逃一覽表

月日	事由	區站組別	職別	姓名	原因	備考
八月二日	潛逃	保定台	報務員	呂建元	畏懼敵機轟炸	分令通緝
八月三十一日	失蹤	南京無線電總台	會計	梁載模	未明	分令通緝
九月十日	殉職	滬區行動組	組員	黃日高	派赴北新涇小菜場偵查漢奸，被敵機炸傷斃命	
九月十二日	殉職	保定台	報務員	王軼先	在保定被敵機炸斃，電台、房屋均被炸燬	
十月七日	被誣	閩南站	通訊員	黃 復	被福建長汀專員以通匪罪誣陷槍決	
十月十二日	失蹤	北平台	報務員	張建中	不知下落	
十月二十三日	潛逃	滬區	通訊員	丁武林	藉故退卻潛逃	分令通緝
十月二十五日	殉職	石家莊站	通訊員	李昌棋	在獲鹿縣被敵機炸斃	
十月二十六日	殉職	滬區	通訊員	朱雲飛	在真如被敵機炸斃	
十月二十六日	殉職	滬區	通訊員	陳時忠	在真如被敵機炸斃	

月日	事由	區站組別	職別	姓名	原因	備考
十一月四日	潛逃	南京郵檢所	檢查員	華壽仁	藉故外出不知下落	分令通緝
十一月九日	槍決	保定站	站長	侯化民	不遵命令擅自退卻	奉命判處死刑
十一月九日	槍決	滬區江灣組	組長	蔣芝蘭	不遵命令擅自退卻	奉命判處死刑
十一月十三日	失蹤	政訓處電訊股	報務員	王良材	派在第四十八師政訓處工作，於隨軍渡河時失散	

說明

南京、北平、察哈爾、綏遠、山西、石家莊、鎮江、蘇
州、松江、保定等各區站組在戰時失卻聯絡人員生死未
明者，容另查報。

寅、抗戰後戰區工作人員失卻聯絡人數比較圖

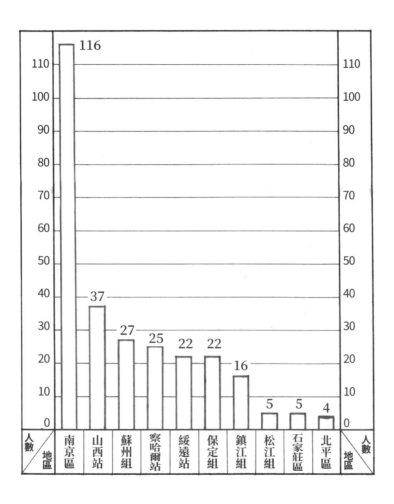

卯、一年來工作人員任免人數按月比較圖

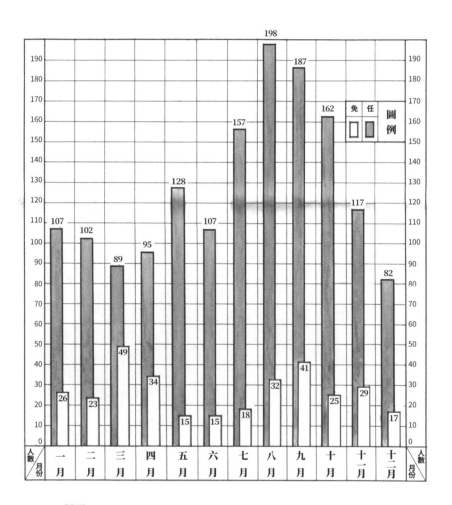

說明

因蘆溝橋事變發生，增置及加強各地組織，故八月份以後任用人員較多。

辰、各地內外勤工作人員分佈概況圖

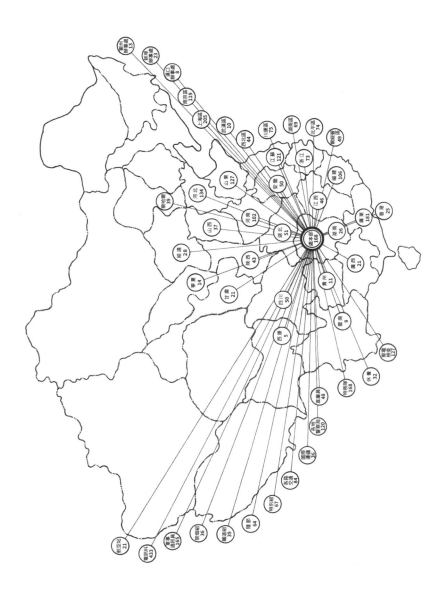

巳、內外勤工作人員出身比較圖

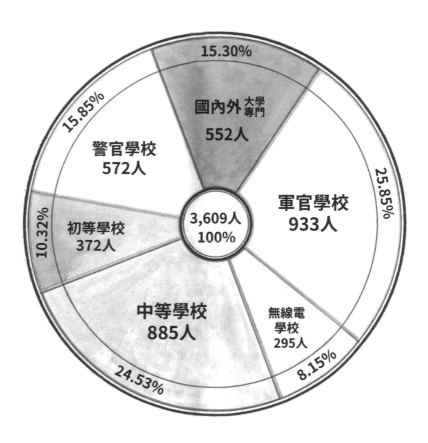

午、內外勤工作人員年齡比較圖

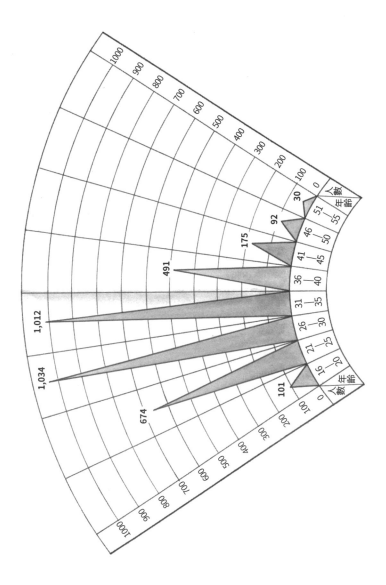

未、內外勤工作人員籍貫比較圖

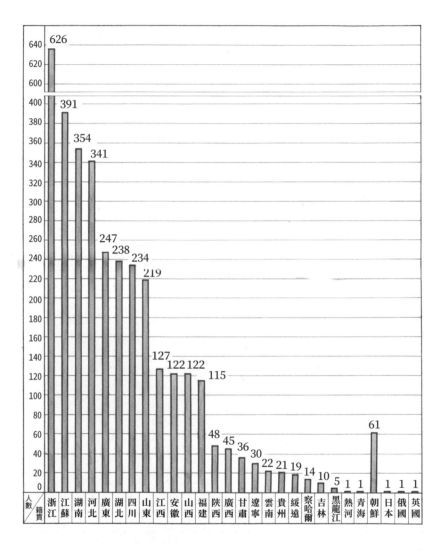

四、考核訓練

子、考核

（一）內外勤工作人員獎懲人數統計表

月份	獎					
	特獎	臨時加薪	獎金	記功	嘉獎	合計
一月					2	2
二月	1				2	3
三月	2				4	6
四月					2	2
五月		1	3	10	13	27
六月	1	1	1		3	6
七月	2			7	1	10
八月					21	21
九月					8	8
十月			7	1	5	13
十一月	3			2	5	10
十二月						
總計	9	2	11	20	66	108

月份	懲							
	極刑	禁閉		罰薪	記過	申誡	禁足	合計
		已釋	未釋					
一月		16	2	1	15	4		38
二月		5	2	7	8	6		28
三月		9	1	3	5	6		24
四月		6		3	9	16		34
五月		12		13	5	4		34
六月		7	1	11	4	14	2	39
七月		3	2	2	10	10		27
八月		1	1	2	6	7	3	20
九月		7	2		17	12		38
十月		2	3	5	18	11	1	40
十一月	2	3	2	1	11	4	1	24
十二月		1	1	1	3			6
總計	2	72	17	49	111	94	7	352

丑、訓練

（一）內勤公餘外國語補習班

為增進內勤同志學識起見，特組織公餘外國語文補習班，分英文、日文兩科，每科分甲、乙兩組。凡處本部內勤同志志願學習者，均得自由選擇一組參加補習。其授課時間，以公餘休息時間分配之。由本處同志中長於英、日文者，義務擔任教授。經於四月二十六日正式開課，計英文甲組十七人、乙組二十八人，日文甲組七人、乙組二十二人。嗣以蘆溝橋事件暴〔爆〕發，本處工作緊張，乃暫告結束。

（二）杭州電務訓練班

為應事實需要，以造就特工技術人員，擔負特工通訊任務起見，經於二十二年三月起，創辦電務訓練班，吸收有無線電學識技能具有高、初中畢業程度之優秀青年從事訓練。截至上年底已完成八期，第九期五十六名，係於本年二月一日開學，原定訓練期間為三個月，嗣根據本處招開之特工通訊會議之決議，延長一個月，至五月三十一日訓練完畢，六月一日起開始分發。查該班在九期以前均在杭州，用警官學校名義作掩護，自滬戰爆發，杭州感受威脅，訓練地址發生問題，且滬、京各校均先後停辦，學生來源亦告斷絕。乃設法以政訓處電訊股名義，呈准訓練總監部，用訓練總監部軍訓通訊技術幹部訓練班名義，在武昌開辦，並呈請訓練總監部按照生處預定計畫，分令各省軍訓會代為考選高中畢業以上程度，及軍訓及格學生入班受訓。至十月十三日班

址確定為武昌平閣路三十三號，前湖北縣政人員訓練所
舊址後，乃調電訊班十期及十一期一部分來鄂繼續受
訓，至十一月二十七日江蘇軍訓會代為考選學生一批，
至十二月六日乃分別提前上課，受訓學生二六一名。

（三）電務人員業餘訓練班

為振刷電務人員精神紀律，增輸軍事及特工常識，
並補充實用工程技術起見，經於本年四月一日起，開辦
電務人員業餘訓練班，調集各地電務工作人員分批集中
南京總台，施以嚴格短期訓練。在受訓時，仍須擔任工
作。預定以三個月為一期，訓練課目以切合實際需要為
原則，計分術科、學科兩種，學科又別為電訊收發、實
用工程、軍用通訊、工作常識、政治講話、通訊要義等
課目。第一期收訊人員計三十人，按照預定時間，應至
六月底完畢，嗣以各項課目之講授，超過預定速度，又
因各地電台因工作加重，紛請派遣人員前往，遂於六月
五日提前結束。

（四）譯電訓練班

為養成翻譯及研究密碼電報之技術人才，以應內外
勤工作之需要計，爰於上年九月開始籌辦譯電訓練班，
額定招收學員三十名，由內外勤工作同志負責保送初中
以上程度、思想純潔、體格健全之青年應試。錄取後，
訓練三個月，授以研究翻譯密電之知識與技能，及特工
軍事之普通常識。嗣因陝變發生，暫停進行。旋於本年
七月上旬舉行甄別考試，隨即開學，於十月中旬完成訓

練，隨即分發予以任用。

（五）甲種特務訓練班

　　自二十五年九月杭州特務警員訓練班奉命併入海會寺中央軍校特別訓練班後，關於特務訓練隊學員一百二十人，仍由本處派員負責訓練。學員成份，除由本處各地工作人員抽調六十人予以訓練外，餘由團體介紹，經過四個月之情報與行動及軍事、政治等訓練，於本年二月期滿分發各地工作。

（六）乙種特務訓練班

　　本年七月本處奉令兼任廬山暑期訓練團第三組警衛工作，與附設陸軍監獄之新監獄成立，需要大批之警衛人員。乃就浙江警士訓練所行將畢業之學警中，考選思想忠實、體力健強且有高小以上畢業程度者八十人，加以兩個月之特務訓練，即分派於本處及監獄等任警衛工作，而將本處原有之警衛資歷較深者，調任廬山暑訓團負責偵警之責任。

（七）臨時特務訓練班

　　自蘆溝橋事變發生後，本處為擴展軍事情報之活動起見，乃商請團體與軍校畢業生調查處，介紹同志同學，由本處予以短期之特務訓練，分派津浦、平漢、淞滬前線擔任軍事通訊工作。經訓練派遣者，先後有五十六人。

乙、情報部分

一、中心工作之指導

類別／關於敵情偵查方面

指導事項

一、蘆溝橋事變發生，即通令華北各站組開始戰時情
 報佈置，尤著重於重要軍事交通地區，建立秘密機
 關，偵查敵軍之活動。

備考：七月九日，指示華北各站組嚴密佈置。

二、平津失陷，滬戰繼起，當經通飭外勤全體總動員，
 開展對日情報，凡關敵軍之編制實力，戰略戰術與
 作戰情形，均經擬定綱要，分飭外勤隨時查報。

備考：八月十五日通令全國各站組遵辦，並分別續有
 指示。

三、關於戰時情報，以探取敵之戰略為最要，曾密令各
 站組負責人切實辦理，嗣由天津站獲得敵軍部之訓
 令三次，皆為戰略戰術方面之機密文件，極有參考
 之價值。

備考：十月後，繼續獲得敵軍部密件，經予原報人以嘉
 勉與指示。

四、我國抗戰後，敵對華政策及其海陸軍當局與各派系
 之意見，殊有嚴密偵查之必要，當經指示駐日、朝
 鮮情報員及平、津、青、滬、港、粵各區站組注意
 查報。

備考：八月二十日擬定偵查綱要，分飭外勤注意辦理。

五、敵成立北平偽組織，及華北各省之軍事設施與企
圖，經飭平津及其他站組切實查報。

備考：隨時予各區站組指示。

六、敵在華各特務機關積極作各種非法策動，常派間諜
潛伏各地，或密佈我軍後方，偵查社會情況與探聽
軍情，迭經令飭各站組嚴密防範。

備考：各次報告均有指示。

類別／關於漢奸偵查方面

指導事項

一、敵企圖煽惑我民眾，擾亂我後方，積極收買漢奸化
裝深入內地活動，除嚴飭各區站組密加防範外，並
隨時指示偵查路線與制裁方法。

備考：對每一漢奸案件，均詳細指示辦理。

二、敵為維持佔領區域之安全，利用漢奸成立各地方偽
組織，本處為偵查及監視其活動，通飭各區站組負
責人遴選幹員深入其內部，實施反間諜工作。

備考：如察哈爾站業經指示，負責參加當地偽組織。

三、敵為破壞我財政金融，多方鼓勵並庇護奸商及日韓
浪人偽造鈔票、收買金屬並販運仇貨，擾亂市場，
亦經飭令各區站組注意偵查防範。

四、敵為明瞭我國軍政機密，密遣漢奸收買奸細，竊取
我政府機關秘密文件，當經嚴令各區站組隨時偵察
具報。

備考：七月一日通令各區站組注意。

五、敵為擾亂我軍前線，常在後方重要城市，大批收

買漢奸、組織便衣隊，製造地方糾紛，破壞社會治安，迭經密令各區站組負責人督率所屬人員嚴加偵查防範。

類別／關於國際情報方面

指導事項

一、敵動員對華作戰後，其在國際上之關係及各國對中日戰爭之態度，迭經指示駐國外通訊員隨時切實注意查報。

備考：七月十日通令國外通訊員遵辦，並續有指示。

二、自共黨投誠以來，敵方積極向國際間宣傳國共合作，並藉以掩護其對華侵略，各國對此所取態度及對策，當經分飭國內外國際情報員，嚴密查報。

三、各國對華政策及其相互間之分合情形，各國重要事變之醞釀與發生，各國政黨派別之鬥爭等情，亦經分飭各國通訊員隨時偵查具報。

四、敵軍對華作戰及其轟炸後方城市，殘殺無辜平民之狂暴行為，均經隨時飭知各國通訊員向外宣傳。

備考：曾將敵空軍炸毀文化機關與住民房屋照片，分寄各國宣傳。

五、分飭駐外通訊員注意僑居各國華人之政治活動及其企圖，同時對駐外國我外交人員之言行態度及是否忠於職務等情，予以切實檢查。

類別／關於軍情方面

指導事項

一、對日抗戰以來，我軍調赴前線部隊及川、桂、魯、晉各軍官兵之言行與作戰情形，均經密飭各地工作人員切實查報。

備考：七月十日通令全體外勤遵辦。

二、我作戰部隊之佈防連絡、救護給養及戰術戰略之優點與缺點，亦經分飭各部隊通訊員翔實查報。

備考：八月五日，令飭各部隊通訊員注意偵查。

三、敵我軍戰術戰略之比較，及敵軍地區之佈防與弱點，皆應嚴密偵查，以供我軍作戰之參考，曾分飭前線部隊通訊員切實注意查報。

備考：七月十日，通令全體軍事通訊員注意偵查。

四、各戰區部隊之調遣，預備軍之訓練，各兵站之運輸及後方勤務等情，均經分飭各地隨軍通訊員詳切查報。

五、我空軍作戰情形及敵空軍在各地轟炸暴行，迭經令飭空軍通訊員嚴查具報。

備考：關於空軍情報，均經彙編呈報。

六、中央軍之貪污不法軍風紀與人事、經理等情，及非中央軍之實力素質、內部派系與各長官對中央之態度，均隨時責令部隊通訊員，切實注意檢查報告。

備考：此項情報均經按週彙編，製成系統調查。

二、一年來貪污不法案件之檢舉

年來本處對於中央政權樹立之省區，無不以檢舉貪污不法，列為工作重心之一。惟各地工作人員，均係秘密活動，無公開名義得以直接行使職權，因此對於高級軍政官長之貪污不法，更不易獲得證據。查一年來所得貪污不法之情報，以各部隊、各縣政府公安局，及地方稅務緝私禁烟等機關與區長、聯保主任等，辦理積穀、徵兵等部門為最多。過去此類情報係由統計局以軍委會名義轉飭被檢舉人之主管機關自行查復，常鮮結果，故一年來提出檢舉之較大事件，有粵省委鄒敏初操縱金融，及禁烟督察處福建分處長程蘊珊勾結土商舞弊，交輜學校戰車營長彭克定浮報汽油等案。茲將一年來檢舉貪污不法案件之數量統計如次。

華東

月份 地區	一月	二月	三月	四月	五月	六月
南京區	8	9	42	19	16	9
上海區	3	13	24	10	9	9
蘇州組	3	6	13	10	5	1
鎮江組	4	7	6	7	4	6
南通組				1	3	2
海州組	15	12	14	19	10	9
徐州組	7	10	7	8	9	7
松江組						
浙江站	9	10	15	18	17	3
乍浦組						
安徽站	7	5	14	14	19	15
蚌埠組		2	1	3		2
蕪湖組						

月份　地區	七月	八月	九月	十月	十一月	十二月	全年共計
南京區	6	7	5	5	7		133
上海區	1	3	2	1			75
蘇州組	13	14	10	5			80
鎮江組	12	16	12	8			82
南通組	2	3	1	1			13
海州組	10	11	10	9	3		122
徐州組	5	8	11	9	3	1	85
松江組							
浙江站	19	17	19	18	15		160
乍浦組		2	9	3			14
安徽站	10	10	9	15	12	3	133
蚌埠組	15	21	23	18	2		87
蕪湖組		2	7	3			12

華中

月份　地區	一月	二月	三月	四月	五月	六月
武漢區	48	50	41	45	51	49
湖北站	26	25	16	25	20	21
禁烟密查組	10	12	18	9	9	20
江西站	59	29	32	36	40	35
廬山組						
九江組		1	2	3	1	
河南站	12	5	7	12	13	14
西北區	3	1	10	3	35	34
蘭州站					4	2

月份　地區	七月	八月	九月	十月	十一月	十二月	全年共計
武漢區	32	30	29	25	21	20	441
湖北站	19	15	12	10	15	17	221
禁烟密查組	20	19	15	5	12	16	165
江西站	26	24	22	29	25	24	381
廬山組							
九江組	4	5	7	9	6	4	42
河南站	15	12	17	13	15	13	148
西北區	8	9	11	12	8	10	144
蘭州站	15	14	25	19	16	19	114

華南

地區＼月份	一月	二月	三月	四月	五月	六月
川康區	23	12	10	6	8	12
成都站		1		2	1	3
香港站	1	1		1		1
廣東站	16	32	26	9	10	13
雲南站	1	2		1		3
貴州站	2	5	5	2	2	1
閩南站	18	23	16	10	12	13
閩北站	17	29	11	12	15	15
湖南區	11	17	21	16	21	19
長沙站						

地區＼月份	七月	八月	九月	十月	十一月	十二月	全年共計
川康區	5	8	9	6	4	5	108
成都站	4	3	6	7	3	4	34
香港站							4
廣東站	9	5	7	4	3	2	136
雲南站	1	3		1			12
貴州站	1	1	2		1		22
閩南站	6	9	7	5	2	1	122
閩北站	10	14	12	9	3	3	150
湖南區	8	15	6	16	2		152
長沙站					9	14	23

華北

月份\地區	一月	二月	三月	四月	五月	六月
北平區	1	2	4	1		3
天津站	5	4	8	6	5	3
保定組	12	5	6	5	5	3
石家莊站	5	3		3	1	
順德組			3			
察綏晉區						
察哈爾站	2	2	2	1	1	
綏遠站		2				
山西站	3	2				
青島站	1	2	2	1	2	
濟南站	2	3				
濰縣站						
兗州組	2			1	1	1
臨城組	2				1	1
沂州組	3		3	2	2	2
泰安組						
德州組						

月份\地區	七月	八月	九月	十月	十一月	十二月	全年共計
北平區	13	2					26
天津站	5						36
保定組	7	5	3				51
石家莊站	6	5	2				25
順德組	1	1	1				9
察綏晉區			7	4	3		14
察哈爾站	8	4					20
綏遠站	2	1					5
山西站	5	4	7	8	1		30
青島站	3	2	1	2	1		17
濟南站	1	6	3	8	2		25
濰縣站							
兗州組	3	1	5	3	3		20
臨城組	1	3	2	3	1		14
沂州組	3	4	1	4	2		26
泰安組	1	2	2	1			6
德州組							

其他、總計

月份	一月	二月	三月	四月	五月	六月
軍事	42	28	41	29	46	48
國際						
總計	383	372	420	350	401	379

月份	七月	八月	九月	十月	十一月	十二月	全年共計
軍事	26	15	13	9	10	12	319
國際							
總計	361	355	352	307	210	168	4,058

三、一年來各黨派現況之檢查

黨派名稱／共產黨

活動概要
子、一般動向

共黨自陝變後，即大肆活動，對內則決重新招回曾向國民黨自首之黨員，以健全其組織；對外則以「民族統一戰線」為號召，策動人民陣線份子，以發展其外圍。在政治方面，則以「改革政治機構」、「實行民主政治」為奪取政權之手段，使今後中國革命領導權全為該黨所掌握。在軍事方面，則舉辦各種軍事學校培養幹部人才，為將來在「陝甘寧邊區」組織一百萬武裝民眾之基礎。在外交方面，則主張聯合英、美、法、蘇及允許滿、蒙、回、藏、韓各民族自主自決，以共同反對日、德、意，而以聯蘇為其最後之鵠的。

丑、工作原則
（一）一切地方工作，以爭取抗戰勝利為基本原則。
（二）可能時應與各地政府和軍隊進行各種具體統一戰線的活動與組織，並吸收各黨派加入，使之民主化。
（三）普遍組織合法的統一戰線的人民參戰團體，並利用「抗援會」之掩護，以發展此種組織。
（四）利用民團、保安隊、壯丁隊、義勇隊等組織，實行武裝群眾，並奪取其領導權。

（五）領導改善民眾生活的鬥爭，但方式須適合于抗
　　　戰的利益，以提高國防生產，避免罷工鬥爭為
　　　原則。

（六）在日寇佔領區域內及其後方，發動廣泛的游擊戰
　　　爭，並與察北、東北義勇軍切取聯絡，同時打
　　　入漢奸組織及偽軍內，促其反正。

（七）在任何時候，不能放棄與其他政治黨派的政治鬥
　　　爭，其方式在到處公開提出共黨對于保證抗戰
　　　勝利的主張（按即其抗日救國十大綱領），批
　　　評其他各黨派之不徹底、不堅決，使全國人民
　　　傾向共黨的主張。

（八）用一切方法爭取黨的公開與半公開，並鞏固與擴
　　　大黨的秘密組織，以適合于戰時的形式。黨員
　　　須以堅苦工作、模範行動、謙虛態度去爭取群
　　　眾的信仰與擁護。

寅、特區施政綱領

（一）動員特區一切人力、財力、物力，實行抗日
　　　戰爭。

（二）在有力出力、有錢出錢原則下，解決特區抗戰
　　　人員財政問題。

（三）實行民主普選。

（四）保證人民有抗日救國的言論、出版、集會、結
　　　社等自由。

（五）保證農民所已分得的土地實行耕者有其田。

（六）開採石油、鹽、煤，並獎勵與國防建設有關之

投資。

（七）提倡國貨，改良土產，禁絕日貨，並發展合
作社。

（八）廢除苛捐雜稅，減租減息，採用單一的累進稅。

（九）實行八小時工作制，改善工人待遇。

（十）優待抗日軍人的家屬。

（十一）預防水旱災荒並充實義倉。

（十二）實行社會救濟。

（十三）實行國防教育。

（十四）嚴厲鎮壓漢奸、賣國賊、親日派的活動，並
徹底肅清土匪。

黨派名稱／人民陣線

活動概要

以共黨之策動為主幹而匯集各反動黨派之所謂「人
民陣線」，其在各重要城市之組織名稱列下。

子、蘆變前在各地之組織

（一）北平：華北各界救國聯合會
民族解放先鋒隊
中華人民抗日救國會北平分會
華北救亡同盟會

（二）天津：各省救國聯合會

（三）上海：全國學生救國聯合會
上海各界救國聯合會

（四）武漢：大學學生救國聯合會

（五）西安：西安各界救國聯合會

（六）桂林：廣西各界抗日救國聯合會

（七）成都：成都各界救亡聯合會

（八）太原：山西各界聯合抗日救國會

（九）濟南：濟南各界救國聯合會

（十）長沙：中華民族解放行動委員會

（十一）香港：全國各界抗日救國聯合會華南區總部

（十二）廣州：廣州各界救國會

丑、蘆變後在各地之組織

（一）武漢：文化界抗戰救亡總會

　　　　　　武漢文化界抗敵協會

　　　　　　戰時自立講習所

（二）長沙：中蘇文化協會湖南分會

　　　　　　平津流亡學生湖南同學會

　　　　　　戍地文藝社

（三）成都：成都市文化界救亡總會

（四）重慶：渝市抗敵分會

（五）濟南：東北流亡同學會

　　　　　　平津流亡學生同學會

黨派名稱／國家主義派

活動概要

　　已隨其他反動集團日趨破落與崩潰之國家主義派，本年春季曾一度整理並頒佈活動方針，對一黨專政、國民經濟建設運動及國民軍事訓練各點，極力反對。該派首領曾琦，並於三月間代表劉湘北上遊說閻（錫山）、宋（哲元）、韓（復榘）聯合反共、反中央，但自蘆變後該派之動向又為之一變，茲略陳如左。

子、目前策略

　　該派首領曾琦、李璜等于十月間相繼返川後，為穩定該派在川之力量計，已決定如左策略。

（一）稍露頭角，自高人望。

（二）聯絡與友並表示擁護政府抗戰。

（三）號召同志並鼓其更生朝氣。

丑、目前主張

　　曾琦于十月三十日曾在渝對其幹部段忠民、劉泗英等發表如左之主張。

（一）上下通力合作，充實黨的力量。

（二）絕對擁護中央政府，不得稍有攻擊。

（三）各同志須本著本黨（指青年黨）一貫主張，努力作後援工作，不要存與其他各黨派爭奪心理。

寅、組織宣傳

（一）該派目前組織分普通與特別兩種，以學界為特
　　　別組，其餘為普通組，凡達五人以上即成立一
　　　小組。

（二）該派現在蓉辦有「大華」日報一種，作該派宣
　　　傳刊物。

黨派名稱／其他各反動集團

活動概要

子、托派

　　該派因陳獨秀頻年處境惡劣，即其幹部彭述之、馬
玉天之消極，王公度、謝蒼生在桂之伏法，張慕陶、徐
維烈、李一非之依存晉閻，馬紀綱之蟄居河北，已漸趨
沒落，故陳之最近企圖在「團結幹部」、「重結核心」
而別開生面。

丑、中華民族革命大同盟

　　該盟係李濟深、陳銘樞等所組織，以曾參加閩變人
民政府之殘餘份子為幹部，最近一年來之活動多依存於
人民陣線。二月十五日，曾以偽中央幹部委員會名義，
發出第一號通告，內容係側重于該盟政策之轉變。其要
點在聲明該盟之目的，在求「爭取民族獨立」與「樹立
人民政權」，並在「全國聯合抗日」之新趨勢之下，對
中央政府由「打倒」改變為「督促抗日」。自李濟深、
陳銘樞等來歸中央後，仍有活動。

四、一年來收入情報數量按月統計表

月份＼類別	政治	黨務	軍事	匪情	黨派	不法
一月	726	135	1,091	360	615	383
二月	666	131	1,039	342	628	372
三月	686	177	1,182	384	634	420
四月	649	142	1,081	356	649	350
五月	696	163	1,372	375	694	401
六月	688	149	1,255	373	601	379
七月	656	178	1,936	313	456	295
八月	653	180	2,141	275	343	318
九月	669	188	2,174	258	261	259
十月	629	171	2,154	288	255	360
十一月	678	176	2,023	276	241	217
十二月	616	168	2,139	255	212	304
共計	8,012	1,958	19,587	3,855	5,589	4,058

月份＼類別	日偽	漢奸	社會	經濟	國際	總計
一月	1,142	514	605	214	216	6,001
二月	1,103	567	626	184	203	5,861
三月	1,062	536	639	177	184	6,081
四月	1,075	627	623	143	194	5,889
五月	1,188	563	626	141	230	6,449
六月	1,170	530	636	156	190	6,127
七月	1,925	613	305	197	231	7,105
八月	2,793	703	298	148	196	8,048
九月	2,509	691	285	136	207	7,637
十月	2,633	581	332	178	219	7,800
十一月	2,418	587	321	125	209	7,271
十二月	2,258	635	292	141	203	7,223
共計	21,276	7,147	5,588	1,940	2,482	81,492

五、一年來收入情報數量按區統計表

華東

類別 地區	政治	黨務	軍事	匪情	黨派	不法
南京區	742	130	1,148	2	246	133
上海區	277	93	855	36	445	75
蘇州組	145	55	355	6	61	80
鎮江組	115	71	260	20	77	82
南通組	20	1	9	1	6	13
松江組	4		5		1	
乍浦組	12	4	79			14
海州組	60	28	359	46	99	122
徐州組	42	20	229	45	71	85
浙江站	130	113	647	124	143	160
安徽站	199	69	365	187	126	133
蚌埠組	12	9	187	18	5	87
蕪湖組	2	5	58		3	12

類別 地區	日偽	漢奸	社會	經濟	國際	總計
南京區	994	170	366	110	461	4,502
上海區	3,067	600	588	120	341	6,517
蘇州組	326	76	113	13	16	1,246
鎮江組	138	177	63	17	21	1,041
南通組	13	14	21			98
松江組	3	3	1	2		19
乍浦組	175	45	29	3		361
海州組	196	173	65	19	38	1,205
徐州組	179	101	60	9	42	883
浙江站	429	323	263	58	20	2,410
安徽站	189	176	129	10	16	1,599
蚌埠組	11	138	32	8		507
蕪湖組	12	13	42		17	164

華中

類別 地區	政治	黨務	軍事	匪情	黨派	不法
武漢區	236	146	567	124	306	441
湖北站	183	99	317	215	531	221
禁烟密查組	91	176	153	154	60	165
江西站	234	174	399	258	188	381
廬山組	3					9
九江組	19	17	108	10	9	42
河南站	218	79	655	303	152	148
西北區	520	146	1,014	644	502	144
蘭州站	162	8	338	50	11	114

類別 地區	日偽	漢奸	社會	經濟	國際	總計
武漢區	761	188	271	84	83	3,207
湖北站	193	344	229	61	75	2,468
禁烟密查組	76	192	57	11	15	1,150
江西站	214	189	297	78	30	2,442
廬山組	4	2	7			25
九江組	14	60	24	6	22	331
河南站	265	309	183	60	67	2,439
西北區	54	52	185	22	27	3,310
蘭州站	29	32	108	102	17	971

華南

地區＼類別	政治	黨務	軍事	匪情	黨派	不法
川康區	352	30	912	78	156	108
成都站	198	11	521	23	121	34
香港站	105		102		177	4
廣東站	486	120	1,138	22	358	136
雲南站	81	17	146	52	21	12
貴州站	93	15	190	79	24	22
閩北站	93	74	110	68	97	150
閩南站	96	34	152	66	82	122
湖南區	495	79	517	157	194	152
長沙站	142	24	256	98	141	23

地區＼類別	日偽	漢奸	社會	經濟	國際	總計
川康區	179	45	211	31	11	2,113
成都站	22	29	126	48	25	1,158
香港站	556	49	54	21	74	1,142
廣東站	828	209	172	136	167	3,732
雲南站	3	9	88	35	8	472
貴州站	7	9	75	14	2	530
閩北站	515	242	83	41	23	1,496
閩南站	689	311	96	25	74	1,747
湖南區	151	111	195	125	57	2,233
長沙站	67	83	93	34	31	992

華北

類別地區	政治	黨務	軍事	匪情	黨派	不法
北平區	429		494	14	408	26
天津站	227		124		197	36
保定組	208	5	552	9	57	51
石家莊站	105	5	316	2	66	25
順德組	34		292	3	14	9
察綏晉區	51		186	10	9	14
察哈爾站	208		546	50	52	20
綏遠站	186		357	25	43	5
山西站	174		764	21	75	30
青島站	108		283		26	17
濟南站	272	19	883	7	81	25
濰縣組	1		5		2	
兗州組	84		154		18	20
臨城組	23	4	53		14	14
沂州組	75	4	254	27	12	26
泰安組	44		268	7		6
德州組	1		61			

類別地區	日偽	漢奸	社會	經濟	國際	總計
北平區	2,952	377	170	112	70	5,052
天津站	3,169	471	90	53	96	4,463
保定組	262	85	68	26	3	1,323
石家莊站	202	141	60	22	4	948
順德組	108	75	63	22		620
察綏晉區	142	15	11	30	2	470
察哈爾站	911	403	80	25		2,295
綏遠站	309	152	45	10		1,132
山西站	425	54	72	37		1,652
青島站	960	248	76	28	102	1,848
濟南站	569	172	135	38	16	2,217
濰縣組	7	8	2	1		26
兗州組	95	18	66	20		475
臨城組	112	69	32	15		336
沂州組	104	26	96	39	11	674
泰安組	67	50	13	36	4	495
德州組	34	10	5	2		113

其他、總計

	政治	黨務	軍事	匪情	黨派	不法
軍事	44	74	1,780	756	58	319
國際	171		64	38	15	
共計	8,012	1,958	19,587	3,855	5,589	4,058

	日偽	漢奸	社會	經濟	國際	總計
軍事	351	302	154	103	13	3,954
國際	138		24	18	381	849
共計	21,276	7,147	5,588	1,940	2,482	81,492

六、一年來摘呈情報數量按地統計表

類別 處別	政治	黨務	軍事	匪情	黨派	不法
領袖	388	3	1,147	22	135	57
團體	798	191	1,775	347	506	242
調查統計局	864	131	3,299	441	493	957
共計	2,050	325	6,221	810	1,134	1,256

類別 處別	日偽	漢奸	社會	經濟	國際	總計
領袖	1,496	73	24	77	164	3,606
團體	4,165	544	462	127	207	9,364
調查統計局	5,847	1,561	443	192	435	14,663
共計	11,508	2,198	929	396	806	27,633

七、一年來摘呈情報數量按月統計表

月份＼類別	政治	黨務	軍事	匪情	黨派	不法
一月	325	45	517	122	163	55
二月	143	37	325	166	88	45
三月	266	33	306	137	113	93
四月	199	48	314	108	162	93
五月	202	43	318	108	203	142
六月	186	40	314	119	140	96
七月	384	35	999	136	192	192
八月	245	52	1,166	46	123	123
九月	149	32	1,245	57	46	120
十月	159	24	1,156	69	72	206
十一月	106	37	928	36	60	144
十二月	95	29	849	77	12	170
共計	2,459	455	8,437	1,181	1,483	1,479

月份＼類別	日偽	漢奸	社會	經濟	國際	總計
一月	950	115	189	41	30	2,552
二月	640	61	74	44	3	1,626
三月	868	88	90	51	28	2,073
四月	805	82	122	26	46	2,005
五月	931	79	94	51	62	2,233
六月	821	83	119	46	34	1,998
七月	2,287	454	158	43	146	5,026
八月	1,849	596	132	44	197	4,573
九月	1,757	572	82	83	212	4,355
十月	1,504	529	95	77	141	4,032
十一月	1,461	486	56	26	128	3,468
十二月	1,225	454	67	27	127	3,241
共計	15,098	3,599	1,278	599	1,164	37,392

八、一年來情報指導函電數量按區統計表

華東

類別 地區	指示			復查			共計		
	函	電	合計	函	電	合計	函	電	合計
南京區	637	1	638	627		627	1,264	1	1,265
上海區	480	185	665	269	10	379	749	295	1,044
蘇州組	63	83	146	63	21	84	126	104	230
鎮江組	99	16	115	93	18	111	192	34	226
南通組	24	11	35	20	7	27	44	18	62
松江組	3	5	8	7	3	10	10	8	18
乍浦組	5	5	10	12	3	15	17	8	25
海州組	81	10	91	32	10	42	113	20	133
徐州組	64	14	78	43	10	53	107	24	131
浙江站	62	22	84	110	47	157	172	69	241
安徽站	229	24	253	172	31	203	401	55	456
蚌埠組	7	11	18	20	15	35	27	26	53
蕪湖組	12	8	20	50	7	57	62	15	77

華中

類別 地區	指示			復查			共計		
	函	電	合計	函	電	合計	函	電	合計
武漢區	32	73	105	113	181	294	145	254	399
湖北站	26	51	77	76	72	148	102	123	225
禁烟密查組	20	31	51	24	13	37	44	44	88
江西站	46	85	131	40	139	179	86	244	310
廬山組	12	10	22	9	11	20	21	21	42
九江組	12	8	20	7	5	12	19	13	32
河南站	63	130	193	88	239	327	151	369	520
西北區	20	143	163	44	350	394	64	493	557
蘭州站		53	53		142	142		195	195

華南

類別\地區	指示			復查			共計		
	函	電	合計	函	電	合計	函	電	合計
川康區	15	114	129	15	246	261	30	360	390
成都站	3	21	51	12	35	47	15	56	98
香港站	14	218	232	16	159	175	30	377	407
廣東站	19	399	418	4	273	277	23	672	695
雲南站	5	78	83		33	33	5	111	116
貴州站	7	53	60		29	29	7	82	89
閩南站	38	116	154	8	133	141	46	249	295
閩北站	66	129	195	31	141	172	97	270	367
湖南區	14		14	6		6	20		20
長沙站	5	76	81	8	212	220	13	288	301

華北

類別\地區	指示			復查			共計		
	函	電	合計	函	電	合計	函	電	合計
北平區	2	82	84	2	419	421	4	501	505
天津站	7	81	88	15	399	414	22	480	502
保定組	2	31	33	1	77	78	3	108	111
石家莊站	2	25	27	4	33	37	6	58	64
順德組	2	33	35	4	58	62	6	91	97
察綏晉區		48	48		61	61		109	109
察哈爾站	2	22	24	1	154	155	3	176	179
綏遠站	4	18	22		139	139	4	157	161
山西站	3	42	45	4	162	166	7	204	211
青島站	7	49	56	6	124	130	13	173	186
濟南站	9	85	94	28	176	204	37	261	298
濰縣組	5	18	23	3	12	15	8	30	38
兗州組	4	32	36		56	56	4	88	92
臨城組	6	40	46		59	59	6	99	105
沂州組	7	43	50	4	57	61	11	100	111
泰安組		17	17		10	10		27	27
德州組		28	28		20	20		48	48

其他、總計

	指示			復查			共計		
	函	電	合計	函	電	合計	函	電	合計
軍事	584	80	664	71		71	655	80	735
國際	56	14	70	119	205	324	175	219	394
總計	2,885	2,971	5,856	2,281	4,916	7,197	5,166	7,887	13,053

九、一年來情報指導函電數量按月統計表

類別 月份	指示			復查			共計		
	函	電	合計	函	電	合計	函	電	合計
一月	335	209	544	152	408	560	487	617	1,104
二月	328	289	617	126	471	597	454	760	1,214
三月	410	218	628	251	461	712	661	679	1,340
四月	387	213	600	266	452	718	653	665	1,318
五月	466	312	778	243	460	703	709	772	1,481
六月	315	227	542	168	354	522	483	581	1,064
七月	183	264	447	216	385	601	399	649	1,048
八月	105	269	374	172	428	600	277	697	974
九月	104	272	376	168	358	526	272	630	902
十月	96	258	354	221	420	641	317	678	995
十一月	81	234	315	148	390	538	229	624	853
十二月	75	206	281	140	329	517	215	535	798
總計	2,885	2,971	5,856	2,281	4,916	7,197	5,166	7,887	13,053

十、情報工作之檢討與改進

南京區

工作檢討－優點

一、工作佈置尚適宜。

二、黨務動態調查尚詳實。

三、對漢奸活動能嚴密防範。

工作檢討－劣點

一、對日情報缺乏確實工作路線。

二、敵軍佔據南京後之一個月中，工作幾乎停頓。

三、南京失守後，負責人退居六合，欠缺勇敢精
　　神，致工作受甚大之影響。

改進計畫

一、加強對敵情之偵察

（一）佈置反偵探。

（二）利用重要漢奸。

（三）建立各社會階層偵查網。

二、嚴密工作組織

（一）遴選幹員恢復城內之電台。

（二）密組秘密機關，運用商業掩護。

（三）已電滬區加派幹練人員入南京活動。

上海區

工作檢討－優點

一、日偽漢奸之一般活動有具體報告。

二、各界救國會之活動，能得詳細實況。

三、臨時發生事件，尚能迅速查報。

四、敵在滬軍事行動，尚能隨時注意查報。

五、漢奸活動之情形多有報告。

六、頗能注意漢奸之制裁。

工作檢討－劣點

一、工作人員欠缺反間諜能力。

二、反動黨派之偵查，路線不深入。

三、國際人員在滬之活動欠注意。

改進計畫

一、應深入各反動集團，開闢新路線。

二、加緊偵查人民陣線及共黨等活動實況。

三、設法打入偽組織集團及敵之間諜機關。

四、加緊偵查敵方軍事動態及其侵華計畫與策略。

五、開闢國際情報路線。

乍浦組

工作檢討－優點

一、日偽漢奸等活動尚能注意。

二、指揮外勤工作有條理。

工作檢討－劣點

一、工作人員欠確切路線。

二、情報欠扼要。

改進計畫

一、設法打入漢奸組織。

二、加緊偵查戰區內敵軍之動態。

鎮江組

工作檢討－優點

一、貪污不法等檢舉尚努力。

二、漢奸活動亦能深入偵查。

工作檢討－劣點

一、工作人員無確切路線。

二、限於環境無重要情報。

改進計畫

一、對漢奸及反動黨派等應儘量設法深入。

二、注意敵軍活動。

三、佈置對敵反間工作。

蘇州組

工作檢討－優點

一、人民陣線之活動偵查能詳細查報。

二、對漢奸活動之偵查有確實路線。

工作檢討－劣點

一、工作人員欠缺活動能力。

二、情報欠扼要且不重要。

三、蘇州失守後，電台不能通報，工作中斷。

改進計畫

一、儘量深入敵之偽組織及漢奸團體。

二、注意敵軍在京滬沿路之動態。

三、恢復原有組織，建立反間工作。

南通組

工作檢討－優點

一、貪污不法之檢舉能注意。

二、地方黨政情形調查尚完善。

工作檢討－劣點

一、無重要情報。

二、無確切工作路線。

三、對敵情之偵查未能深入。

改進計畫

一、建立漢奸偵查路線。

二、對人民陣線及共黨活動之偵查，應嚴密佈置。

三、偵查敵艦在沿江之活動。

徐海組

工作檢討－優點

一、漢奸活動調查尚詳盡。

二、軍事情況亦能具體報告。

工作檢討－劣點

一、無確切深入路線。

二、報告缺乏系統。

改進計畫

一、對漢奸組織應儘量設法打入。

二、注意敵軍調遣情形及蘇北游擊隊等活動實況。

安徽站
工作檢討－優點
一、對敵我作戰情形尚能深入調查。
二、漢奸等偽組織活動亦能注意。
工作檢討－劣點
一、報告欠具體、少系統。
二、工作人員無確定路線。
改進計畫
一、加緊沿江敵情之偵查及敵艦之行動。
二、設法打入漢奸集團，並運用保安處公開職務，
對巨奸設法制裁。

蕪湖組
工作檢討－優點
一、對日偽漢奸能注意。
二、靜態調查可供參考。
工作檢討－劣點
一、無深入路線。
二、情報無系統、不充實。
改進計畫
一、注意敵軍及敵艦之動態。
二、加緊打入漢奸組織，建立反偵探線索。

浙江站
工作檢討－優點
一、對黨政設施及派系調查能嚴密注意。

二、軍情、匪情能經常注意

三、一般社會調查尚完善。

工作檢討－劣點

一、重要情報甚少。

二、對敵進攻杭垣時，關於敵我情況未能詳報。

改進計畫

一、加緊開闢新路線，深入漢奸集團，以期獲得敵
方軍事實況，並其侵浙計畫。

二、注意浙西敵軍駐兵數量及我軍游擊實況。

三、注意沿海敵艦動態。

河南站

工作檢討－優點

一、豫南匪情報告迅確。

二、軍政情報尚稱詳實。

三、黨派活動尚能注意。

工作檢討－劣點

一、未能深入漢奸內部。

二、前方戰況搜集欠迅速。

改進計畫

一、設法打入漢奸組織。

二、迅速佈置戰時情報網。

西北區

工作檢討－優點

一、對西北共黨公開活動能隨時詳確查報。

二、當地軍政措施報告詳實。

三、能切實指揮工作。

四、偵查偽蒙動態頗詳確。

工作檢討－劣點

未能深入共黨內部。

改進計畫

一、加強戰時佈置。

二、打入共黨組織。

甘寧青站

工作檢討－優點

一、對回馬之態度及軍政措施能注意偵查。

二、社情黨務調查尚詳確。

三、對西北邊疆情形尚能注意。

工作檢討－劣點

一、對共黨及日偽活動未能深入偵查。

二、寧、青兩省工作未能開展。

三、情報欠迅速。

改進計畫

加強戰時工作佈置。

武漢區

工作檢討－優點

一、對黨政軍匪各情能迅速查報。

二、對人民陣線及其他反動黨派之活動能注意。

工作檢討－劣點

一、對日偽漢奸及敵諜之活動少路線。

二、對人民陣線及其他反動黨派未能深入。

三、對貪汙不法之檢舉少證據。

改進計畫

一、開展各外僑團體及各國駐漢領事館之工作路線。

二、深入偵查各黨派之活動。

三、注意檢舉貪污。

湖北站

工作檢討－優點

一、對軍政匪情能經常查報。

二‧對後方捐款、徵兵、訓練壯丁情形，偵查頗
詳盡。

工作檢討－劣點

一、貪污檢舉未能獲取證據。

二、偵查敵諜、漢奸及其他反動黨派之活動，未能
深入。

改進計畫

一、加緊建立鐵路線及各交通衝要地之密查小組，
注意防範敵諜、漢奸之活動。

二、嚴密注意反動黨派之活動。

三、加強戰時佈置。

江西站

工作檢討－優點

一、對軍政匪情能注意查報。

二、對人民陣線及各黨派之活動能注意。

三、對上級令查案件，能切實執行。

工作檢討－劣點

一、對敵諜、漢奸及各黨派之活動，未能深入偵查。

二、貪汙檢舉缺乏證據。

三、外勤工作人員缺乏重要路線。

改進計畫

一、加強浙贛路及沿江各衝要地點之佈置。

二、多方搜集貪污證據。

三、打入各反動黨派之內部。

四、注意漢奸活動。

廬山組

工作檢討－優點

一、能注意旅居牯嶺外僑之往來活動情形。

二、能協同警察署共同防範不法份子之活動。

改進計畫

一、發展牯嶺外僑居留民團之路線。

二、嚴密偵查敵諜、漢奸之活動。

九江組

工作檢討－優點

一、能注意查報往來外僑及外艦之行動。

二、能注意偵查漢奸之活動。

三、軍隊運輸情形及軍風紀，能迅速查報。

工作檢討－劣點

對敵諜、漢奸之活動，無確切路線。

改進計畫

一、深入下層組織，如碼頭工會等，防範漢奸、間
諜之活動。

二、加強戰時各項佈置。

三、增設掩護電台、商店。

禁烟密查組

工作檢討－優點

對禁烟人員之貪污不法行為，能注意檢舉。

工作檢討－劣點

對檢舉禁烟人員之貪污不法案件，缺乏有力證據。

改進計畫

一、貪污檢舉必須搜集證據。

二、於禁烟督察處以下各單位，增設秘密密查員，
以便貪污之檢舉。

湖南站

工作檢討－優點

一、何鍵在湘之軍政措施，及其特工組織，均有詳
實報告。

二、共黨人民陣線活動，能迅速報告。

三、徵兵及壯丁訓練情形，尚能普遍調查。

工作檢討－劣點

一、漢奸路線未能深入。

二、何鍵與各方往還情形，未能深入偵查。

改進計畫

一、盡量利用各軍政機關開闢工作路線。

二、注意漢奸之偵查與制裁。

三、注意貪污之偵查。

四、加強戰時佈置。

川康區

工作檢討－優點

一、劉湘及川軍各將領之態度能注意偵查。

二、共黨及國派之活動，尚能深入調查。

三、軍政社情調查尚詳盡。

工作檢討－劣點

一、偵查劉湘與各方往還情形未能深入。

二、貪污檢舉未能獲取證據。

改進計畫

一、加緊佈置各軍政機關及各部隊之通訊員。

二、注意核心社之活動，並設法拆散其組織。

閩南站

工作檢討－優點

一、對敵軍侵閩之軍事動態，尚能注意偵查。

二、日台人與漢奸活動情形，能隨時查報。

工作檢討－劣點

一、對漢奸路線尚欠深入。

二、對地方駐軍之調查欠詳盡。

改進計畫

一、設法開闢漢奸路線。

二、建立下層社會工作基礎。

三、注意台人之活動，將其首要密予制裁。

閩北站

工作檢討－優點

一、對日台漢奸情形，能注意偵查。

二、對一般軍政社情調查尚詳盡。

三、制裁重要漢奸得力。

四、頗能注意貪污之檢舉。

工作檢討－劣點

對各黨派之活動，未獲得重要路線。

改進計畫

一、速就軍事重要地區加強戰時佈置。

二、注意民軍首領之活動，及與敵方勾結之情形。

貴陽站

工作檢討－優點

一、匪情報告能經常注意。

二、工作較前進步。

工作檢討－劣點

一、情報數量稀少。

二、外勤人員無確切路線。

改進計畫

一、努力貪污不法瀆職事件之檢舉。

二、對政情應加強偵查。

廣東站

工作檢討－優點

一、對漢奸活動之偵查頗努力。

二、對黨派活動頗能注意。

三、對貪污不法事實之檢舉尚詳盡。

四、一般情報數、質量均佳。

工作檢討－劣點

一、對四路軍高級將領之偵查工作未能深入。

二、因無一正當之偵緝機關，故對漢奸之緝捕與制裁均感困難。

三、對貪污之緝捕不能直接行動，且因四路軍關係，有所顧忌也。

改進計畫

一、加強對余漢謀、香翰屏、李漢魂等實力派動態之偵查。

二、嚴防失意軍人及散匪之被敵利用。

三、強化戰時組織。

香港站

工作檢討－優點

一、關於敵情報告數量頗詳實。

二、英對華南政策及軍事調遣，能努力偵查。

工作檢討－劣點

對漢奸及敵探等，因中英邦交關係，未能予以制裁。

改進計畫

一、設法收買敵方在港之重要情報員。

二、加緊注意國際對我情報之偵查，及英日衝突之演進情況。

三、注意偵查英軍在港佈防之情形。

四、注意偵查中央各機關駐港辦事人員之生活與行動。

五、注意軍火運輸之情形及保衛。

廣西站

工作檢討－優點

一、對該省黨政軍一般情報尚能取得。

二、工作人員尚能保守秘密，故南寧、榴江兩電台得能暢通。

工作檢討－劣點

一、因桂省情形之特殊，高級情報員不易物色。

二、現有工作人員因格於環境，不能充分活動。

改進計畫

一、嚴密設法在該省各高級軍政機關內佈置極可靠之情報員。

二、利用與中央無關係之各省赴桂之商人、醫生、實業家等為掩護，加強情報工作之佈置。

昆明站

工作檢討－優點

軍事情報數量較多，內容亦確實。

工作檢討－劣點

一、重要情報過少。

二、外勤人員能力薄弱。

三、因該省當局防範甚嚴，加以裴存藩對中央之不
　　甚忠實，向當局告密，故工作不易展開。

改進計畫

一、強化對滇龍【編按：龍雲】與桂李白【編
　　按：李宗仁、白崇禧】及川軍將領相互關係之
　　偵查。

二、設法在越南之河內、海防佈置強有力之工作人
　　員，探取對法情報。

三、強化騰越方面之工作佈置，並注意滇邊防務之
　　調查。

北平區

工作檢討－優點

一、敵軍對我作戰計畫及部隊調動，能查明詳報。

二、漢奸之活躍情形，能經常注意查報。

三、偵查敵軍之政治、經濟措施頗詳實。

工作檢討－劣點

一、北平失陷後，少數工作人員，因過去兼任公開
　　職務，未能繼續活動。

二、對漢奸之制裁，與偽組織之破壞，尚無成績

表現。

改進計畫

一、拓展對敵反間工作。

二、利用各階層份子，偵查敵方動靜。

三、派員深入漢奸集團及傀儡組織，偵查其演進
　　內幕。

四、積極制裁重要漢奸，並破壞偽組織。

保定組

工作檢討－優點

在未淪陷前關於敵我軍情，尚能注意隨時查報。

工作檢討－劣點

保定淪陷，該站負責人擅自退卻，致工作瓦解，加以
電台被敵機炸燬，電務人員殉職，尚未恢復工作。

改進計畫

由平區設法派員潛回保定，重新建立工作，並由北
平即派一預備電台前往設法建立。

天津站

工作檢討－優點

一、對敵方軍事運輸，經常有詳確報告。

二、關於對我作戰之敵陸海空軍調查尚詳盡。

三、關於漢奸之活動內幕，能隨時查報。

四、平津淪陷後，工作照常進行，並能加緊對日情
　　報之蒐集。

五、行動工作亦能積極準備。

工作檢討－劣點

一、敵對華北經濟開發進行情形，缺乏有系統之報告。

二、敵佔平津後，關於敵方在天津政治上之措施，未能隨時查報。

改進計畫

一、加強佈置敵方反間工作。

二、利用駐津偽滿官兵，開展情報工作。

三、利用冀東偽組織之內部人員偵取敵方重要消息。

四、加強佈置對敵方軍事情報之偵查。

五、對於重要漢奸之制裁，敵軍行動之擾亂，應積極進行。

察哈爾站

工作檢討－優點

一、關於偽蒙軍之動靜，能經常查報。

二、察省淪陷後，該站工作能照常進行。

三、對李守信之聯絡能繼續維繫。

工作檢討－劣點

一、敵佔察省後之措施，缺乏詳確報告。

二、熱察邊區之工作佈置，未能依照預定計畫進行。

改進計畫

一、加緊進行對李守信部之軍運工作。

二、設法擴展熱河境內之情報工作。

三、加強佈置各縣通訊員。

四、運用偽蒙軍之中下級人員刺殺其高級長官。

綏遠站

工作檢討－優點

一、在綏省未失陷前，對於綏省軍政之調查尚稱詳盡。

二、對綏省各王公之態度，能經常注意查報。

三、對偽蒙軍之動靜，能隨時查報。

工作檢討－劣點

一、綏垣失陷，該站負責人未能立足。

二、敵在綏省之設施，未能詳查確報。

三、綏東方面工作未能迅速恢復。

改進計畫

一、派員由綏西潛回綏垣，重新建立工作。

二、設法恢復綏東方面之情報工作。

三、加強反間工作人員之佈置。

四、多方設法運動偽蒙軍反正，並制裁德王。

濟南站

工作檢討－優點

一、對魯韓【編按：韓復榘】之軍政措施、言論態度，能隨時查報。

二、軍事調動及津浦線戰況尚能查報。

工作檢討－劣點

一、缺乏重要工作路線。

二、因環境特殊，工作人員不能儘量活動。

改進計畫

一、設法打入各偽組織。

二、注意偵查敵軍之行動。

三、物色忠勇之同志，擔任制裁漢奸。

青島站

工作檢討－優點

一、對敵軍之動態能隨時注意查報。

二、偵查日偽漢奸頗詳盡。

三、膠東軍政社情調查頗詳。

四、對青沈【編按：沈鴻烈】在青市軍事之佈置，頗能注意查報。

五、能策動當局破壞敵人在青生產事業。

工作檢討－劣點

一、缺乏特殊情報路線。

二、我軍放棄青市後，多數工作人員因平日兼有公開職務，不能繼續活動。

改進計畫

一、設法打入青市各偽組織，開闢新路線。

二、加強行動組織，制裁漢奸。

山西站

工作檢討－優點

一、在太原未淪陷前，對晉省之軍事、政治、經濟等項，經常注意查報。

二、關於晉省敵我戰況報告，尚稱迅速。

三、對於閻錫山指導之各種小組織，能據實查報。

工作檢討－劣點

一、太原失陷後，未能繼續工作。

二、敵在晉北之動靜，情報欠迅速確實。

三、平日工作多建立在軍政各機關，因機關之移動或裁撤，致情報減少。

改進計畫

一、當太原陷落前後，即在晉南臨汾、運城等處佈置工作，現正設法由運城派員潛回太原，恢復原有工作。

二、派員深入八路軍，偵查八路軍在晉之活動情形。

三、在被敵佔領之各縣，設法佈置通訊員。

石家莊站

工作檢討－優點

一、偵查漢奸活動情形頗能深入。

二、敵軍調動情形報告迅確。

三、制裁漢奸得力。

四、能在淪陷後短期內恢復工作。

工作檢討－劣點

因工作人員能力不強，加以地方又小，故工作人員不易活動。

改進計畫

一、由平區派得力人員協助該站拓展工作。

二、向正太路延伸佈置沿線各站工作人員。

順德組

工作檢討－優點

一、關於敵軍之動靜，尚能注意隨時查報。

二、在當地淪陷後能繼續工作。

工作檢討－劣點

一、各外勤工作人員能力欠健全。

二、因環境簡單，缺乏重要情報。

改進計畫

一、掌握當地幫會等為我所用。

二、利用漢奸偵查敵情。

三、接近順德之重要縣份，佈置通訊員。

臨城組

工作檢討－優點

一、對軍隊調動能隨時查報。

二、對漢奸能切實注意偵查。

工作檢討－劣點

工偵人員能力較差，加以當地環境簡單，不能大事
活動。

改進計畫

一、加強戰時佈置。

二、設法打入漢奸組織。

三、運用當地幫會組織行動組，準備擾亂敵軍行動。

泰安組

工作檢討－優點

一、社會情形調查尚詳實。

二、對軍實運輸及軍隊調動報告頗迅速。

工作檢討－劣點

一、缺乏極有價值之情報。

二、工作人員欠健全。

改進計畫

因電台不敷分配，已與兗州組合併。

兗州組

工作檢討－優點

對軍實運輸及當地軍政情形報告尚詳盡。

工作檢討－劣點

工作未能開展。

改進計畫

一、設法打入漢奸組織。

二、策動當地民眾武力破壞敵後方交通。

三、佈置鄒縣、曲阜一帶工作。

臨沂組

工作檢討－優點

一、工作情緒頗緊張。

二、軍政社情及漢奸活動，查報迅速詳確。

工作檢討－劣點

一、缺乏特殊情報。

改進計畫

一、對當地軍隊之情形應隨時切實查報。

二、偵查漢奸之活動。

德州組

工作檢討－優點

對津浦線戰況之情報迅速詳實。

工作檢討－劣點

成立時期甚短，工作無基礎。

改進計畫

該組隨軍撤至黃河南岸之青城一帶，已令該組長王
露芬由青島轉天津潛回德州恢復工作。

十一、最近兩年情報工作之進度比較表

項目		情報工作		
		情報數質	摘呈情報	指示函電
事實摘要	二十六年份	全年共計八萬一千四百九十二件，內以日偽情報為最多，共二萬一千二百七十六件，次為軍事情報一萬九千五百八十七件，再次為漢奸、黨派情報，二共一萬二千七百三十六件，而以經濟、黨務情報為最少。（詳見「四、一年來收入情報數量按月統計表」）	領袖三千六百零六件，團體九千三百六十四件，統計局一萬四千六百六十三件，共計二萬七千六百三十三件。（詳見「六、一年來摘呈情報數量按地統計表」）	全年對各區站組之指導函電計五千八百五十六件，又飭查函電七千九百一十六件，共計一萬三千零五十三件。（詳見「八、一年來情報指導函電數量按區統計表」）
	二十五年份	全年共五萬六千五百三十八件。	領袖六百九十一件，團體一萬一千六百二十一件，統計局一萬零七百一十九件，何部長（在陝變期間）九百八十八件，共計二萬四千零一十九件。	全年對各區站組之指導函電計一千二百九十六件，又飭查函電計六千五百五十九件，共計七千八百五十五件。
比較		本年共增二萬四千九百五十四件。	本年共增三千六百一十四件。	本年共增五千一百九十八件。

丙、行動部分

一、軍運

子、對偽軍李守信部之聯絡

　　生處對偽軍李守信部之聯絡醞釀已久，本年六月間由察綏站站長馬漢三運用張北縣商會主席王步高與李之代表李樹聲（偽部副主任）、劉連陞（張北縣縣長）取得密切聯繫；以常永春活動劉繼廣（一師師長）、陳生（一團團長），與劉、陳之代表梅松坡（陳生副官）取得密切聯繫；以李惠民活動尹寶山，與尹之代表馮賢年取得密切聯絡。經積極進行之後，尹寶山、劉繼廣、陳生等，均竭誠表示願效力中央，待命反正。曾於七月二十八日呈奉電令，與十三軍湯軍長【編按：湯恩伯】接洽。八月八日湯軍長與李守信部劉繼廣、尹寶山兩師代表梅松坡、馮賢年晤商，湯稱：（一）目前請劉、尹兩師師長速作發動準備，結合能反正部隊；（二）在未接發動通報以前，不可亂動，與洩漏機密；（三）劉、尹兩師長有困難時，須詳告，我（湯）能負責解決；（四）目前速定切實聯絡辦法，到發動時即通知馬漢三轉馮、梅送達劉、尹；（五）在軍事發動時，由湯派員到劉、尹兩部參加指揮。商妥後，梅、馮二人於九日即分向劉、尹復命，嗣以晉綏察軍攻進張北，我方與該偽部失卻聯絡，無法按照計畫進行，生處亦即分飭劃歸平區辦理。然我晉綏軍向商都、南壕暫等地進攻，李部、尹部確向上空鳴槍，掩護退卻，尚義縣劉師，亦未抵

抗。八月底偽軍李守信部進至張家口附近，經平區派王
俊義運用舊屬關係（前曾任李之軍需處長），潛往多
倫，於九月間晤李守信，李表示反正絕無問題，但請
求：（一）予以總指揮名義；（二）事前請中央儲款十
萬元，俟反正後取用，經呈奉電令照准。旋以察綏戰事
情勢轉變，致李部反正，又為之延置。十月間，李逆又
進駐綏垣，敵方復對李取嚴厲監視態度，但經我方積極
進行，信使往還，李逆各部多極願歸順中央，而對國軍
西撤，均有痛惜之意，並表示決於國軍東進時願充嚮
導，實行反正。十二月間，復由平區派原前尹寶山代表
馮蘭亭（即馮賢年，現吸收為我方工作人員）前往綏
遠，先行傳達中央意旨，先後晤尹寶山及新任偽第一師
師長丁（鍾）其昌等。據渠等堅決表示，謂歸服中央之
志絕無變更，如國軍進攻，決不抵抗，當乘機反正也，
現仍在積極進行中。

又查有前冀察綏署軍事運輸主任王守興者，願專負
活動偽軍李守信部反正之責，經生處派其往察北活動，
自八月由京至察後，以察省淪陷，遂流轉至綏垣，除將
李守信部隊之一小部分，促其反正外，其大部分以我
軍西撤，均存觀望。經數度潛入活動，於十一月間將尹
寶山部之井得泉、朱子文兩團，由參謀長朱正庭率領反
正，計有部隊一千三百餘名，槍馬齊全，配備有機關
槍、迫擊砲。反正後，在紅格爾圖大腦包，五度作戰，
近至武川已與馬占山司令取得聯絡，並由馬指揮。自該
軍反正後，因與各偽部均有相當關係，此後之聯絡當更
易濟事矣。

丑、對德王之聯絡

伪蒙軍德王各部，原由生處察綏站派員與其中上級幹部取得聯絡，嗣察北淪陷，德王回承德，經派于炳然（工作同志）前往活動，並由孫司令魁元處運用舊誼關係，分途進行。曾由德王駐平代表趙匯川提出解決蒙事焦點三項：（一）事先將德王家庭及蒙古青年予以安插於安全地點；（二）成立整個蒙政會不受省縣分割；（三）約定會晤地點。嗣該趙匯川以事離平西去，致無結果，但確已伏下一聯絡路線，且德王在目前情勢下雖未敢即有舉動，但為敵方壓迫甚苦，實有伺機反正之可能，刻仍在進行中。

寅、對冀東偽保安隊之策動

自蘆溝橋事變發生後，生處即電飭平區，對偽冀東各保安隊，照原有路線，積極進行策動偽軍反正，以打碎其偽組織。旋據平區七月十九日報告，張慶餘、張硯田兩部，已奉偽命集中通縣及順義一帶，並被日方監視極嚴，已遵飭原聯絡人傅丹墀等前往策動等情，並據二張表示，目前情勢亟待中央命令，隨時可發動，當經七月十九日、二十日先後簽呈請示在卷。旋奉鈞座侍二組養未代電，略以對已聯絡各部及義軍，應囑積極準備待命發動。生處遵於二十三日電平區飭二張立刻發動，並於發動時，對殷、池二逆【編按：殷汝耕、池宗墨】，即予制裁。張部當於七月二十九日夜於通縣反正，當炸燬日在通火藥庫，殺日籍官民二百餘人，並捕獲殷逆汝耕，隨軍押走，原欲將該逆活獻中央，乃不幸於三十日

被迫退至北平，遭敵軍暗襲，全部星散，致殷逆乘機
脫逃。以上各情，均經先後於八月一日、三日等報告
在案。

卯、對冀察游擊軍孫殿英部之聯絡

　　冀察游擊司令孫殿英自八月間由京返冀後，積極集
結其舊部及改編雜軍，活動於冀察邊境一帶，迭蒙鈞座
予以寬厚，與劉主任峙之督促，該部乃逐漸集結成軍。
生處經派嚴家誥等，前往該部參加工作，旋由該部促匪
軍劉桂棠、趙香甫所部二千三百餘人，由副司令李茂松
率領反正，經呈奉准發犒賞費三萬元。當孫部初行集結
時，份子複雜，多無紀律，曾為各友軍不滿，經奉呈電
令劉主任（峙）以寬大處理，暫勿編遣，等因，孫部得
以自行擴編，並有熱烈效忠中央之表示，生處亦迭飭其
努力殺賊，以建奇勛。九月間，該部游擊於冀北一帶，
尚有表現。十月間，孫部在井陘大行山中一代活動，生
處曾飭其：（一）注意當地民眾之組織訓練以利抗敵；
（二）嚴整軍紀；（三）艱苦奮鬥，不得任意退卻。孫
本人乃繕具遺囑，以表示殺敵決心，惟以滹沱河南岸友
軍撤退，亦隨同移駐於涉縣、陽邑各地待命。生處並奉
電責以孫部退東陽關，對河北未盡游擊任務等因，當遵
以血誠電達該司令，囑其宜在此時，救國救民、建功立
業、積極策動，以盡游擊任務。去後，孫於十月三十日
電稱，此後當有以報效我領袖與我國家等情。最近該
部仍散佈於冀、豫、晉一帶邊境，正式呈報之人數計
四千四百餘名，實數則有六千餘名云。

二、重要行動案件紀要

子、劉蘆隱組織反動團體行刺黨國要人案

查劉蘆隱以新國民黨幹部地位，組織中國國民黨革命軍團，自為領袖，並組中華青年抗日除奸特務隊，派遣黨羽於京、滬、鄂各地，實行暗殺黨國要人，並陰謀行刺鈞座。自楊（永泰）案破獲及生處搜獲劉逆親批中國國民黨革命軍團總章、中華青年抗日除奸特務隊計畫書及交通經費預算等密件後，劉之罪證益彰。乃乘其由京到滬候輪南返之機，經以二月養己電呈奉鈞座面諭鄭介民同志，准予逮捕法辦。生遵即指揮駐滬工作人員，嚴密佈置偵查，至二十四日晨一時，在上海公共租界將劉捕獲，暫押於租界巡捕房，隨即依據合法手續，由湖北高等法院迎提，於三月二日由滬起解赴鄂，歸案訊辦。生處辦理此案之經過詳情，迭經呈報在卷，故僅述其梗概如上。

丑、交輜學校戰車營營長彭克定侵吞汽油及教育燃料等費案

據交輜學校戰車營第一連連長胡李珍，檢舉該營營長彭克定侵吞鉅量汽油暨教育燃料費各情，並繳送該營長著營部副官彭大鈞，致送該胡連長賄金四百六十元到處。生以彭營長克定既係同學、同志，乃竟有此重大貪污情事，非從嚴懲辦，無以張法紀，經於五月七日呈報鈞座，嗣奉鈞座五月文侍參滬電鄭介民同志開：「除電何部長將彭大鈞密拿訊辦外，飭將彭克定等嚴密監視，

不許逃逸，限十日內訊明詳報」，等因，當時以實際情
形，監視困難，迭經五月寒巳、寒申兩電，陳明原因，
於當日下午將該彭克定秘密監禁，該營副官彭大鈞，亦
由軍政部密拿到案。生又以該營營部材料員程玉藻、連
部材料員冷世傑，均為案內有關要犯，乃向軍法司建議
逮捕。旋由該司委託生處協助辦理，比將上列犯人一併
拘獲，訊取重要供詞，並獲得確證多件後，除將一干人
犯及供詞、證件，一併解送軍法司訊辦外，並於五月
二十日將辦理經過詳情，呈報鈞座鑒核矣。

寅、閩綏署科員喻謙出賣軍事機密文件案

　　查本年一月十二日，據閩北站報告，由該站眼線日
駐閩海軍武官室內勤華人田龍江，竊送該武官室機密文
件之照片兩張，係廣州行營第二廳第一組調製之「日本
在華情況彙報表」，上有閩綏署參謀處長廖〔繆〕慶
善與主席陳儀親批筆跡及印章。該站當即密商團體在閩
負責人葉成（閩保安處副處長）協辦，葉乃轉報閩保安
處處長趙南，將綏署參謀處管理檔案之第二科少校科員
喻謙扣押，交該站訊辦。生處據報後，當即派員赴閩主
持偵訊，結果喻犯已完全供認個人獨自於上年十二月
三十一日晚竊取駐閩綏署「日本在華情況彙報表」兩
份、「匪情彙報表」一份，賣與台人阿盧（日方情報
員），阿盧許以二百元代價，款未到手，事即敗露等
情。生於三月三日將本案辦理詳情簽報鈞座，在未奉到
批示之前，因閩綏署迭電保安處將本案移解該署辦理，
該處未便拒絕，乃於三月十六日將全案文卷人犯解送建

甌綏署接收。迨五月二十七日奉到鈞座感侍秘牯電諭：
「已電閩綏靖署將喻犯解京候訊」，時閩綏署已於五月
三十一日亥時，將喻犯槍決，蔣主席並於六月一日手令
將參謀處長繆慶善及中校參謀傅作圭撤職，第二科科長
趙光烈扣押，第三科科長蕭湘記大過一次結案矣。

卯、閩禁烟分處長程蘊珊等勾結烟商舞弊貪污案

　　自本年三月份起，即迭據閩北站報告福建禁烟督察
分處處長程蘊珊、副處長豐文郁等貪污不法，及與運銷
商人葉清和（閩南裕閩公司董事長，「日本籍」）、陳
尚彩（閩北裕閩公司經理，「日本籍」）朋比為奸各
情，惟以事雖確鑿，但未獲得有力物證，故未便轉呈。
嗣奉鈞座五月十八日手諭：「據報福建禁烟督察處所製
販之烟膏，甚多偽造，且有橘皮與紅糖雜物羼雜煎膏，
望即派妥員密查詳報」等因，遵於五月十九日將生處過
去偵查此案情形，呈復鈞座，並飭閩北站加緊搜集證
據，擬具破案辦法報核。去後，旋於六月十二日據該站
電報由眼線探悉，裕閩公司有即將來往貪污賬據實行火
滅之舉。該站以該公司如將賬據燬滅，則將前功盡棄，
時機緊迫，未及呈報生處核准，即於十一日晚，先將該
公司內會計林茂植秘密逮捕，深夜帶同潛入該公司，將
一部分有關賬簿搜獲。十二日晨二時，繼續將該禁烟督
察分處長程蘊珊、閩南裕閩公司董事長葉清和、閩北裕
閩公司經理陳尚彩、閩南裕閩公司駐省辦事處委員黃闡
志等一併逮捕，惟禁烟分處副處長豐文郁，事前逃匿漏
網。並搜獲有關貪污之賬簿多件，證據確鑿。人證方

面，亦有葉清和之秘書李德華、閩北裕閩公司副經理陳
鐘（即陳鏗圖）及該公司職員姜森（即姜步洲）等均願
以身作證。經初次偵訊，據閩北公司內會計林茂植，及
閩南公司董事長葉清和，均已供認與程蘊珊等授受賄
賂不諱，除由本處訊明，並遵奉鈞座篠侍秘牯電於七
月十五日將程犯等八名連同供詞、證件解送軍法處訊
辦，至豐文郁、張俊生二名事先聞風逃匿，已另令通緝
究辦。

辰、漢奸周勁盜賣國防工事圖表案

　　查漢奸周勁（又名東生），曾任職豫皖綏署駐新鄉
督察處，於今春該處結束時，竊取該處所建國防工事秘
密圖表，五月三十日由開封攜至漢口，親自送信至漢日
領事館，請求呈獻該項秘密圖表。事被武漢行營三科運
用之日領館內線謝伯清等偵悉，將原信扣送該科，轉報
到處。當復飭運用漢警察局偵緝隊於六月二日下午在漢
口第一分局境內將周犯捕獲，並搜得開封分縣圖、焦博
沁修工事作業進展表及新鄉督察處證章等證件。經訊據
供認竊取該處所建國防工事秘密圖表出售日領館不諱，
乃將該犯連同案卷、證件一併呈解行營訊明犯罪屬實，
於六月十六日將該犯執行槍決。

巳、董雙和製賣毒品案

　　董雙和自二十五年在漢口日租界福潤里十四號製
造販賣嗎啡兼自吸食，因托庇外力，政府無法拿辦。
二十六年蘆溝橋事發，漢日領事撤退，董乃率眷於是年

八月上旬逃滬。旋因滬戰爆發，又悄然率眷逃回山西原籍，行至南京，忽染痢疾，留住下關旅邸，另飭勤工韋德三赴漢代取行李。韋抵漢被我方人員拘獲，供出董攜眷匿居地點，報由本處令飭京區於九月九日在浦口旅社將董及其妻王美玉拘獲，並搜有鈔洋一千一百餘元，郵局存款摺四本，共計洋一萬零一百元，金戒指四十五個，金手釧兩副。旋韋德三亦由漢解京，再供出董之製毒工人胡銘芳，已逃回寧波，經又令杭站派員於十月二十五日在寧波將胡拘獲解京，訊據董犯供認在漢口日租界製造販賣嗎啡兼自吸食獲利數千元，存入郵局，胡銘芳供認為董製造嗎啡，王美玉、韋德三均無參與董之製賣毒品行為。經判處董犯死刑，胡犯徒刑五年，王、韋二人無罪，董之存款及金器沒收，其鈔洋一千一百餘元，發還王美玉，維持生活，經呈奉鈞座批示照辦在卷。

午、李師直投附冀東為漢奸案

李師直於二十五年十月赴冀東，由偽組織建廳長王廈材委為通唐公路工程師，及承修冀東民廳房屋各工程。二十六年二月，忽潛來京城被京區查悉捕獲，經訊供認投附冀東偽組織，擔任通唐公路工程及承修冀東民廳房屋等工作不諱。經於二十六年八月飭京區簽呈首都警廳將該犯解送南京警備司令部，以為敵執役罪判處死刑，予以槍決矣。

未、王源等為日人吉野擔任情報案

王源化名劉念祖，自二十五年起，為日人吉野擔任
刺探地方消息及在京韓人活動情形，二十六年一月間復
介紹吳明榮與吉野會晤，派任調查韓僑情形。事被京區
查悉，於四月九日在保泰街先後將王源、吳明榮拘獲，
由處派員訊究，各供認上述情形不諱，於二十六年八月
十六日簽奉鈞座批准，均處死刑，當即遵照槍決矣。

申、樸永鎬漢奸案

緣樸永鎬係滬倭領館著名間諜，九月十四日韓國同
志李蘇民、楊東五、王通、徐覺等路過滬公共租界靜安
寺路突遇該犯，設法將其密捕，交本處駐滬特務隊轉解
偵查隊，由處派員訊辦。據供認於二十三年間，由日
本駐滬領事館高等密探韓人周然峰，輾轉設法請准韓國
國民黨將其介紹入南京中央軍校肄業。嗣將校中組織情
形、所授課目、韓人數目、共黨人數，並南京韓國革命
團體之組織與活動，及該團體內重要人物之住址，密報
日領館。事洩脫逃來滬，將軍裝、符號、書籍等悉繳日
領事館，並擬綁架韓國革命領袖金九及販造偽鈔、毒品
等情不諱，經呈奉鈞座執行槍決。

酉、崔鵬飛等漢奸案

據滬區工作同志報稱，崔鵬飛、蔣玉鑫、陳石田等
受敵特務機關職員桑田之命來租界做漢奸活動等情，經
飭特務隊先後將崔、蔣兩犯拘解偵查隊訊辦。據崔犯供
稱，其戚串陳石田素與敵特務機關職員桑田在滬虹口合

夥營業，因此崔與桑田亦友善。滬戰初起，桑田遣崔、陳兩犯來租界做漢奸活動，其時崔、陳得其同鄉張老五之報告，得悉淪為敵區之虹口密勒洛路新順興米棧，尚有多數存米，未曾搬出，乃串同桑田設法盜賣。崔犯冒充老闆，蔣玉鑫、張老五冒充夥計，均由陳石田領至滬白渡橋等候，再由桑田接入虹口向敵司令部簽出派司後，將該新順興存米七十餘石掃數售於敵兵，又崔、陳兩犯並代敵兜銷毒品，購辦卡車。除陳石田、張老五在逃嚴緝外，崔、蔣兩犯經呈准鈞座予以槍決。

戌、侯禮鈞（即劉希）等漢奸案

據豫站二十六年四月二十九日報告查獲有署名劉希者，自鄭州國民飯店寄漢口和平街七十八號德操鼎世一函，語涉反動，已將劉捕獲等語，經由處飭據漢站按址查明該號房屋係漢奸金子卿所開商店，德操即漢奸周銘之化名，鼎世即孫德浦之化名，劉希即侯禮鈞之化名（又名劉華雲），均確係漢奸。當由漢站將周、孫二人捕獲，並將劉犯由豫解漢，訊據供認為日人宮城及日領事三浦做情報工作不諱具報到處，當飭漢站將該犯等解送武漢行營軍法處，於八月二日密予槍決矣。

三、次要行動案件（附人犯一覽表）

查重要之行動案件已略舉事實，逐項陳明於上，其次要之案件，有係本處直接處理者，有經本處指示各區站辦理者，其逮捕人犯，雖非盡係罪惡昭著之人，但以當時之環境，犯罪之嫌疑，有不能不予捕獲偵訊，以探討真象。迨案情既明，其無犯罪確證，而實情輕微者，或因政況變遷，已不足為害治安者，則分別運用公開機關訊明處理。至罪證確鑿者，則有時亦運用公開機關訊辦。茲編列簡表，載明如下，其正在繼續進行偵訊之案件暫不列入。

附次要行動案件人犯一覽表

人犯姓名	犯罪事實	承辦站組	偵查經過	處置情形
高清岳	人民陣線份子，翻印反動刊物	浙江站	二十六年二月二十五日在浙捕獲，已據自白不諱	移交中央政校究辦
周源久	人民陣線份子，但尚無積極行為	浙江站	二十六年二月二十五日在浙捕獲，訊據供認錯誤，自願改悔	保釋自新
龔心放金惠生	人民陣線份子	浙江站	二十六年二月二十五日在浙捕獲，已據自白不諱	移送浙省府辦理
張峻山	南政府尊孔八德化迷道德會副會長	南京區	二十六年一月十四日在京捕獲	解送豫綏署併案辦理
宋金廉	南政府尊孔八德化迷道德會總道長	河南站	二十五年十二月二十六日在漯河捕獲	移送豫綏署法辦
許慎行	南政府尊孔八德化迷道德會河南分會保庶委員			

人犯姓名	犯罪事實	承辦站組	偵查經過	處置情形
傅玉卿	南政府尊孔八德化迷道德會巡庶委員兼聯道長	河南站	二十五年十二月二十六日在漯河捕獲	移送豫綏署法辦
徐連波	販賣偽鈔	河南站	二十六年一月四日在鄭州捕獲，已據自白不諱	由警備司令部於六月十六日移送法院辦理
韓子明袁呂氏彭寶球	販賣偽鈔	河南站	二十六年一月四日在鄭州捕獲，已據自白不諱	移送豫綏署法辦
王文煥	販賣偽鈔	上海區	二十六年二月十六日在滬捕獲，已據自白不諱	由淞滬警備司令部移法院訊辦
王棟臣	販賣偽鈔	上海區	二十六年二月十八日在滬捕獲，已據自白不諱	由淞滬警備司令部移法院訊辦
李茂秋崔世英孔永一崔成均（韓國人）	販賣海洛英	漢口禁烟密查組	二十六年一月二十二日在漢口捕獲，已據自白不諱	移送禁烟督察處後由日領領回
汪羣生劉景奎	販賣偽鈔	上海區	二十六年五月五日在滬捕獲，已據自白不諱	移送淞滬警備司令部軍法處訊辦
鄭石為	充日海軍武官情報員，搜獲有證據	閩北站	由閩北站駐廈人員偵知	九月七日在鼓浪嶼將其密裁
陳龍江	受駐廈日領館驅使，無惡不作			
柯潤嘴	在廈經營煙賭，並秘密奔走收編閩南民軍	閩北站	九月十三日會同閩南站在廈密捕	解省保安處訊辦，於十一月二十二日槍決
柯朝根	充廈日領館情報員			
陳秋雲	與柯潤嘴同黨有日謀嫌疑	閩北站	九月十三日會同閩南站在廈密捕	由省保安處判處徒刑監禁
邱貴嬌	陳秋雲姘婦，有日諜嫌疑	閩北站	九月十三日會同閩南站在廈密捕	解送福州婦女收容所收容
陳　健	前在偽滿任職，本年潛回福州，有重大漢奸嫌疑	閩北站	十月九日逮捕	解福州警備司令部訊辦

人犯姓名	犯罪事實	承辦站組	偵查經過	處置情形
金光謙	任閩報館政治通訊員，台灣博覽會時日領中村、武官須賀另送旅費，請其赴台參觀	閩北站	九月三日將其秘密捕獲	解福州警備司令部訊辦，現押建甌綏署
陳些蠢	閩報館長松永榮情報員			
葉樂民	利用同善社組織大刀會，暗與偽滿勾通	閩北站	九月四日將其密捕	解福州警備司令部訊明保釋
何孝炯	前為偽冀東縣長，二十五年春回閩被逐出境，仍潛回福州，以乃妻及妹名字與殷逆通信	閩北站	九月四日將其密捕	解福州警備司令部訊辦
卓道德	與日台浪人為伍，魚肉鄉民	閩北站	九月一日逮捕	解福州警備司令部訊辦
馬英傑	凡我機關人員，馬則暗示日情報員認識	閩北站	八月十八日逮捕	解福州警備司令部訊辦
姚海梅陳四俤	勾結日警林大生、台人黃綱柳、黃天生擔任刺探我方各項消息	閩北站	八月初逮捕	送警察局訊辦
楊兆春	日駐閩陸軍武官山田英男情報員，日台僑撤退後曾化裝搭海壇輪赴廈轉港，與港日情報機關聯絡，任務完了仍潛返省	閩北站	九月十日逮捕	送警察局訊辦
黃世金	勾結日台人勢力壓迫廈門民眾，並販運仇貨，把持商界	閩北站	十月二十八日在廈門密捕	十月二十九日押解綏署情報處槍決
楊燮之	漢奸	江西站	經潯組於八月二十七日偵獲	解送九江警備司令部訊明處決

人犯姓名	犯罪事實	承辦站組	偵查經過	處置情形
劉　俊	漢奸	江西站	經臨縣工作人員發覺，報請駐軍四五三團團長李堃於八月十六日將其逮捕，並獲同犯聶餘生一名	經該團訊明處決，其同犯聶餘生解送二路軍部訊辦
周北燕	漢奸	江西站	經潯組偵明，間接運用黨部於八月二十五日逮捕，並搜獲漢奸確證	解九江警備司令部
丁織雲	漢奸嫌疑	江西站	經潯組偵得其有漢奸嫌疑，經商得縣長同意，於八月二十九日撤職，解九江警備司令部訊理	現押九江警備司令部
王紀法	漢奸嫌疑	江西站	經樟樹鎮工作人員踪偵發覺報警，於八月七日逮捕，並搜獲所繪輕機槍圖樣	由樟樹警局解送縣府，轉省府訊辦
萬軒蓀	漢奸	江西站	經潯組偵明，間接運用黨部於八月二十五日逮捕，並搜獲漢奸確證	解九江警備司令部
周之潘	漢奸嫌疑	江西站	經龍南工作人員跟偵，運用抗敵會名義於八月二十五日捕獲	經用保安處諜報股名義飭解省訊辦
鍾厚甫夏桂陽蔣輝贊曹生大	漢奸	江西站	經潯組偵得，由駐潯駐軍於八月十八日逮捕	解九江警備司令部訊明槍決
汪永清	漢奸嫌疑	徐州組	在徐州北關牌樓行走，形色愴惶，當將其捕獲，查出天津報一張、制錢兩個	解送津浦南段警備司令部
李金田	有為日偽刺探軍情之重大嫌疑	徐州組	常至津浦車站天橋上特別注意往來兵車，言語支吾，於八月五日將其拘捕	解送津浦南段警備司令部

人犯姓名	犯罪事實	承辦站組	偵查經過	處置情形
苗振東	漢奸嫌疑	徐州組	九月十七日上午警報時，該犯手持銅佛，用白布包裹，徘徊延平路一帶，言語支吾，當將其逮捕	解送津浦南段警備司令部
沈敬軒	漢奸嫌疑	徐州組	檢查金城旅社，在其帽內搜獲藥瓶兩個，該犯即狂奔，於八月六日將其拘捕	解送津浦南段警備司令部
楊英普	漢奸嫌疑	徐州組	係沈敬軒同夥，於八月六日同時逮捕	
何中橋	土匪	徐州組	形跡可疑，由徐州組派員監視，忽被發覺，愴惶圖逃，乃於九月二日將其捕獲	解送津浦南段警備司令部
崔增嶽	化名宋榮之，刺探軍情，並吸食毒品，有重大嫌疑	徐州組	由郵檢所檢獲碭山寄該犯洩漏軍事秘密之信件，前後二十餘封，於八月二十日捕獲	解送津浦南段警備司令部
范景文	刺探軍情	徐州組	由津浦南段警備司令部交由徐州組查捕，經於九月二日捕獲	解送津浦南段警備司令部
胡丕霖	漢奸嫌疑	徐州組	在徐州車站與一外籍人談話，並找尋寺廟住宿，行動詭秘，於十月十日捕獲	解送津浦南段警備司令部
李榮喜尤相對	漢奸嫌疑	徐州組	該犯由鄭州來徐，在隴海站下車，其同夥尤相對在津浦站下車，經徐州組分派人員跟蹤兩犯，先後至徐州南關龐傳周家中，經將該二犯於九月二十三日同時捕獲，並搜出鴉片一包	解送津浦南段警備司令部

人犯姓名	犯罪事實	承辦站組	偵查經過	處置情形
王華庭 王增坤	為日偽做秘密工作，刺探軍情	徐州組	徐州組據密報後，經派員偵查，確有可疑，經於九月十三日將其逮捕	解送津浦南段警備司令部
王止文 李成彬	漢奸嫌疑	徐州組	偵知該犯及其同夥李成彬兩人梭巡徐州車站，並時時更換服裝，經於八月十九日逮捕	解送津浦南段警備司令部
劉增祥	受豫東土匪胡振泉指使，攜款一千元來徐勾結軍人、土匪，刺探軍情	徐州組	經徐州組數月之偵查，知該犯及其妻米玉芳生活闊綽，寓所遷徙無定，遂於十一月六日將其夫婦逮補，訊據供認不諱	解送津浦南段警備司令部
米玉芳	劉增祥妻時時出入戲院，勾引軍人			
張雲祥 景耀先 李持久 嚴西洲 張公達	劉增祥同黨			
李錦堂	為青島日商萬利源糖棧來徐推銷仇糖三千三百餘包	徐州組	偵知該犯為青島萬利源糖棧夥計，派來徐州，藉運銷仇糖秘密與各奸商來往，並從中刺探軍情，報請津浦南段警備司令部將其捕獲	經各商號保釋，由銅山各界抗敵後援會議決罰款二萬七千六百七十二元，以作添購防空設備之用
任貽琳	任天津華泰輪船公司經理，兼售華人赴日偽之出口證，與天津日特務機關漢奸周坤三、李九齡、劉菊生等同在天津活動，七月間奉命來徐，混入第一軍刺探軍情	徐州組	經徐州組偵知該犯混入胡軍長宗南部作漢奸活動，於七月十四日密捕	由豫綏署執行槍決
王烈明	在滬區海關供職，擔任敵方報告進口軍火數目	上海區	由郵檢所檢獲該犯來信及通行證等，於九月十四日逮捕	移解警備部訊辦

人犯姓名	犯罪事實	承辦站組	偵查經過	處置情形
金少甫 安星五 劉玉梅	販賣嗎啡	上海區	據報金等攜有藥粉，入住英租界梁溪旅館，形跡可疑，於九月十四日逮捕，驗明所攜藥粉確係嗎啡	移解戒嚴司令部訊辦
趙小圓 女　性	擔任敵方情報	鎮江組	由鎮江組在郵檢所檢獲該犯嫌疑信後，當著手偵查，嗣偵悉該犯與其夫吳漢祺均係勾結日人回鄉活動，經密報縣黨部，由縣警察局於八月三十日逮捕	解送江蘇省政府訊辦
張蔭蒼	台籍，在南京夫子廟開設蔭蒼診療所，為掩護擔任情報工作	安徽站	由京區發覺，曾一度逮捕未獲，該犯畏罪潛逃宣城，由安徽站偵查其行蹤，經飭運用九區專署於九月二十日將其逮捕	由九區專署解送南京憲兵司令部訊辦
徐讓甫	曾任殷逆汝耕秘書，七月間回皖時，往來京漢各地，行蹤詭秘	安徽站	經皖站發覺後，跟蹤至其至德原籍，當報由至德縣府於九月二十五日逮捕	解送皖省府訊辦
譚中心	藉傳金剛道及紅卍字會募捐，從事漢奸工作，將聯絡一六七師下級幹部及紅槍會，準備於民國二十八年將抗敵軍打倒，實行稱帝	安徽站	曾於上年九月間來安慶活動，旋離省垣，本年九月間赴宿縣活動，當密報宿縣縣府於九月三日將其逮捕	押宿縣縣府訊辦
楊協超 張元道	譚中心同黨	安徽站	九月三日逮捕	押宿縣縣府訊辦
吳　健	係偽福建防共自治委員會委員長，並經閩南站於九月十七日獲得其送日艦攻廈計畫書	閩南站	設計將其騙離鼓浪嶼，於九月三十一日將其逮捕	解送廈門警備司令部訊明，犯間諜罪屬實，於十月七日執行槍決

人犯姓名	犯罪事實	承辦站組	偵查經過	處置情形
江宗元	偽福建防共自治委員會委員	閩南站	經閩南站探悉該犯逃匿處所後，於十月十五日捕獲	解送廈門警備司令部訊明，於十月二十一日執行槍決
黃慶雲	偽保境安民軍秘書兼外交	閩南站	吳健供出，於十月十一日在鼓浪嶼捕獲	解送廈門警備司令部訊明，於十月二十一日執行槍決
郭阿九	偽保境安民軍宣傳副處長			
江宗利	偽保境安民軍庶務			
呂德華	偽保境安民軍交通			
江得金	偽保境安民軍交通			
陳美儀	敵女交通由港返廈	閩南站	經閩南站佯與密切來往，陰為隱藏，於十月五日捕獲	解警備司令部訊明，於十月九日執行槍決
張春坐	敵特務交通	閩南站	廈站查明係敵探交通，並為偽保境安民軍份子，於十月十五日在鼓浪嶼捕獲	解廈門警備司令部訊明，於十月二十一日執行槍決
張　色	敵方正式間諜，充任交通	閩南站	經查明於十月二十一日在廈捕獲	解廈門警備司令部核辦
廖振梧	敵方正式間諜，充任交通	閩南站	經查明於十月二十一日在廈捕獲	解警備司令部訊明於十月三十一日槍決
陳碧雲	敵方正式女間	閩南站	經查明於十月二十七日在廈捕獲	解廈門警備司令部訊究
張秋毫	敵方間諜	閩南站	經於十一月十日在鼓浪嶼捕獲	解警備司令部訊供屬實，於十月二十一日槍決
潘司安	敵方間諜	閩南站	經於十一月十一日在鼓浪嶼捕獲	解警備司令部訊供屬實，於十月二十一日槍決
胡啓章	敵方間諜，混入金門亂民中，來廈刺探軍情	閩南站	經探悉於十月六日在廈捕獲	解警備司令部訊明屬實，於十一月二十一日槍決
傅金波	敵方間諜，混入金門亂民中，來廈刺探軍情	閩南站	經探悉於十月七日在廈捕獲	解警備司令部訊明屬實，於十一月二十一日槍決

人犯姓名	犯罪事實	承辦站組	偵查經過	處置情形
劉志光	親自送信至日領館，願充任漢奸工作，經日領署傳達（我方眼線）將原信交閱後，由鄂區派員冒充日領代表函約該犯在茶園接洽，屆時劉犯果至，當囑其寫具自傳前來，允以重酬，並指示工作方針，該犯一一承諾	川康區	經川課查實後，呈准行營於七月二十三日逮捕	八月四日檢同證件及口供筆錄送解行營軍法處訊辦
蔡容光〔蔡蓉光〕	據貴州省府來電，謂據在押漢奸李榮供稱，係受重慶蔡蓉光所指使，請予緝辦。訊據供於民國二十年間因貴州匪患猖獗，始遷移渝，開設來賓小旅館，李榮係何人素不認識，但旅館人雜，或李某識余，亦所難料等語	川康區	據黔站查報後，當飭渝課偵查具報，渝課又奉到行營交下同樣命令，當於九月十一日在重慶磨房街來賓旅館拘捕	解送行營軍法處訊辦

人犯姓名	犯罪事實	承辦站組	偵查經過	處置情形
周　銘	二十五年春該犯在漢失業，由童肇明介紹與漢奸張鎮堯供給伙食，搜集中國紅軍消息，交張轉交日人領取津貼，廿五年十月又得漢奸陳玉卿介紹，與日諜宮城搜集消失〔息〕，得洋二百元，並偽造藍衣社及其他愛國團體情報，供給日人，廿六年一月起在日租界任情報編輯	武漢區	經於七月十六日在漢市警局十一分局地界將其捕獲	解送行營軍法處判處死刑，於八月二日祕密槍決
周東生	二十六年六月一日該犯化名周勁，親赴日領館投致日領函一件，經我方內線將該函密扣，次日該犯至日領館討回信，即將其誘捕，並至其寓所搜獲軍用圖表一份，據供稱致函日領出售我方圖表不諱	武漢區	當於六月二日在漢口六合路密捕	當連同證件解送行營軍法處判處死刑，於六月廿二日執行槍決

人犯姓名	犯罪事實	承辦站組	偵查經過	處置情形
孫德浦	二十五年六月來漢口，由漢奸金子卿介紹於漢奸陳玉卿，十月間由陳介紹與日諜宮城，為宮城搜集武漢抗日鋤奸團、漢特務機關等名冊，供給日方，自廿六年一月起月領薪水四百二十元，並介紹漢奸侯禮鈞與日人派往西安工作	武漢區	經於七月十六日以其同黨周銘名義，計誘該犯出日租界將其捕獲	經呈准行營併周銘案解送行營軍法處，於八月二日祕密槍決
郎炳章馮樹棠陳　策陶劍青	郎係漢郵局掛號房職員，夥同馮樹棠、陳策、陶劍青等訂立合同，勾結韓人金剛，自津由郵局包裹偷運私貨寄漢銷售	武漢區	經該區偵悉該犯等販私情事後，奉行營密令於七月三十日將該犯等捕獲，並搜出證件多種	解送行營軍法處於八月三日處決
單東屏	受日方收買，隸駐漢日警署情報系，月支活動費三百五十元，策動流氓刺探消息，並為日方編審情報	武漢區	經於八月四日將該犯由漢口日租界密捕，以蔴袋偽裝行李運出日租界	解送行營軍法處訊明處決
魏龍淵	為漢奸單東屏助手，賄買日租界賭場流氓作情報工作	武漢區	八月一日在漢口青雲里逮捕	八月五日由行營軍法處訊明處決
陳世藩	為漢奸單東屏同黨，與漢奸孫德浦、周銘等同夥，為日方刺探消息	武漢區	八月二日在漢陽誘捕	八月四日由行營軍法處判無期徒刑

人犯姓名	犯罪事實	承辦站組	偵查經過	處置情形
李灝川	與日諜大西、宮城及著名漢奸陳玉卿、熊斌臣等勾結，並領取日租界漢奸劉止佛賭場津貼，為日方搜集情報	武漢區	經鄂區偵知該犯於九月初自贛返漢，當於九月八日逮捕	十月六日由行營軍法處訊明取決
凌一鳴	前在漢口日租界毒販韓人白兌榮所開之白鶴舞場充任經理，與日人木村、太和等勾結，係著名漢奸陳玉卿之徒弟，曾為陳擔任情報編輯，日人撤退後在漢各旅社翻戲勾引青年，從事詐財，並與思明堂藥房店員漢奸查子誠往來，二十五年曾由日人派往廬山工作，後因被逐返漢	武漢區	經於九月四日在漢口逮捕	九月十四日解送行營軍法處訊辦
查子誠	二十五年夏間曾奉日人之命與凌一鳴同赴廬山工作，因行動可疑，被牯嶺警局捕獲驅逐回漢，後開華成藥房掩護奸跡	武漢區	九月四日在漢口逮捕	九月十四日連同凌一鳴、萬少山等一併解送行營軍法處押訊

人犯姓名	犯罪事實	承辦站組	偵查經過	處置情形
里克斯基	該白俄與日人往來甚密，十月一日下午六時敵機襲擊漢實施燈火管制時，該犯以長電筒放射指示轟炸目標，解除警報後在其寓所搜出長電筒及藥水槍及各種秘密圖案等證件，訊據供與漢奸張鎮堯往來甚密，與日諜宮城、野田等有密切關係	武漢區	經鄂區白俄細胞密報，該犯有間諜嫌疑，與十月一日逮捕	十月七日解送行營軍法處押訊
孔撒爾博得	平日行動可疑，與日諜大西初雄及同仁醫院院長藤田敏郎等勾結，並僱有助手蔡子琴看管收發拍電機，經訊僅與藤田認識，蔡子琴為其賣藥給予津貼，並取回扣，但不認有間諜行為，經蔡子琴對質，則形色倉皇，在其助手蔡子琴家搜獲儲電器（收發電報均可用）、整流器、波音雙天線等，並在該犯家搜出收電機等件	武漢區	十月十四日在漢口捕獲	將該犯連同證件及助手蔡子琴一併解送行營軍法處訊辦
蔡子琴	係孔撒爾博得黨羽			

人犯姓名	犯罪事實	承辦站組	偵查經過	處置情形
余　龍	二十四年在宜昌開救濟診所，與日駐宜昌副領山本晃、日諜波平六郎、警署長滿武律大郎等勾結，每月在日領館領津貼八十元。二十五年十二月奉山本晃命派往宜昌第一區大橋邊馬質夫家開路加醫院，藉以收買漢奸，搜集軍政消息。二十六年二月以行機暴露，請准山本晃於五月間往公安縣開大同醫院，八月間又開路加醫院為掩護	武漢區	九月二十五日由鄂區派員會同第十軍部在公安縣捕獲	由第十軍部解送行營訊辦
謝繼武	勾結著名漢奸，刺探消息	武漢區	七月六日晚在五族街東方旅館秘密逮捕	訊據供認與漢奸張鎮堯、陳龍光密切往來，於八月六日解送行營軍法處研訊
程　澄	刺探消息供給著名漢奸單東平等	武漢區	偵悉其行蹤後，於八月一日上午八時在漢口裕昌里一號捕獲	訊據供稱收受日界賭場賄費，以消息供給漢奸單東平等，經於八月六日解送行營軍法處研訊
趙宗英	收受漢奸賭場津貼，有漢奸嫌疑	武漢區	偵悉行蹤後，於八月一日乘其外出時在漢口統一街將其捕獲	訊據供稱曾收受日界漢奸賭場賄款，經於八月十日解送行營軍法處研訊
何葆民	收受漢奸賭場津貼，有漢奸嫌疑	武漢區	偵悉其有漢奸嫌疑後，八月一日誘出其家，於下午六時在中山路六二九號捕獲	訊據供稱曾收受日界漢奸賭場賄款，經於八月十日解送行營軍法處研訊

人犯姓名	犯罪事實	承辦站組	偵查經過	處置情形
馮　炎	收受漢奸賭場津貼，有漢奸嫌疑	武漢區	八月一日下午九時在漢口光明戲院門首捕獲	訊據供稱曾收受日界漢奸賭場賄款，經於八月十日解送行營軍法處研訊
包海峰	勾結日諜大西販私，併刺探消息	武漢區	據自首之前日領館情報主任大西初雄之華役左明松供稱，該包海峰與大西往來甚密等語，經查屬實，乃於九月二十二日晚在漢口義成西里八號將其捕獲，並搜出與日商來往證件一併帶案	初訊僅認先後在日商洋行服務，曾奉日商派赴日本考察，堅不承認與大西認識，嗣提證質訊始供認不諱，經於九月二十六日將該犯連同口供解送行營軍法處訊辦
馮靜誠	該犯在信陽設有天興成雜貨號以為掩護，為信陽漢奸負責人，其直屬首領為蚌埠顏佩白、天津張子貞、上海陳道倫等派馮在信陽一帶吸收匪股及各會徒，並在信陽談家冲屢開會議，謀起暴動	河南站	經豫站派線索詐稱匪首有眾數千，與馮發生深切關係，自本年三月深入偵查，至八月初始破案，呈准豫皖綏署轉飭信陽駐軍第四十六旅會同縣府於八月五日分別剿捕，計獲同黨二十餘人	全案人犯解送豫皖綏署審辦
王光宇程奎三	馮靜誠同黨			
方許賢	訊據供經趙昭介紹充當間諜歸張慶山指揮，月薪十八元，專刺探南陽飛機場及汽油倉庫所在地及壯丁隊數量等任務	河南站	十月二十日豫站南陽人員發現形跡可疑者二人，當跟蹤偵查中途，忽二人分行，遂祇拘獲該犯一名	當經押於壯丁總隊部，後由壯丁總隊部解送專員公署

人犯姓名	犯罪事實	承辦站組	偵查經過	處置情形
左　達	九月間在汴捕獲，當搜獲無線電機及便利電燈、地圖等件，武安縣又奉綏署令在該犯家中搜出偽滿黑龍王所贈證章及信件多種，證據確鑿	河南站	豫站偵悉該犯有漢奸嫌疑，乃飭武安人員徹查，旋據報該犯自稱二十九軍參議，七月二十七日結婚即離家他往，九月間該犯化名左偉夫	解送綏署經訊明於十一月九日執行槍決

丁、警務部分

　　本處運用各地警察行政與教育機關，目的在培育現代警察人才，樹立中國新警察之楷模及輔助特務工作之進展。本年一月開始以來，仍本此目標努力進行，惟自陝變之後，由本處領導下之西安、蘭州二省會公安局，迫於時勢，同時瓦解，所有本處介紹於該二局服務人員計六十餘人，均先後被迫回京。此項人員大半為警察專門人才，且與特工已發生深切關係，自未可恝然置之，故仍分別介派於首都警廳、杭州省會及廈門二警察局、福州警官訓練所，及各地郵電檢查所等機關，設法安插，使繼續有所貢獻，不致流離失所，但已煞費周章矣。

　　本年三月間，杭毅同志接充西安警察局長後，以過去友誼關係，曾應其電商介紹分局長及偵緝隊長等三數人，助其整飭西安警政，藉取得特工上必要時之便利。五月間奉准以馬志超為蘭州警察局長，經派幹員同往協助工作。據報告蘭局經事變之後，已凌亂不堪，尚須從新整理，坐是本處對該局過去一年餘之慘淡經營，盡付東流，殊深惋惜也。

　　蘆溝橋事變發生後，因鄭州地位重要，九江為贛省門戶，適該兩地警察局長一以昏庸無能，一由縣長兼任，負責無人，經呈准鈞座令派楊蔚、柯建安兩同學分別充任接辦後，對當地警政殊多改進，於特工亦有相當輔助。

　　首都警察廳自南京失陷後，一部分人員退鄂，嗣奉

命將現存武力改編為內政部警察總隊，由本處人員方
超、徐為彬擔任正、副總隊長，仍保持密切聯繫中。

現與本處有組織上之聯繫或友誼上之聯絡者，計有
浙省會警察局、浙省警察教練所、廈門市警察局、福州
警官訓練所、漢口市警察局（該局第八、第十六兩分局
及偵緝隊負責人由本處介紹）、內政部警察總隊、中央
警校及江、浙、閩、粵等省之若干縣警察局。今後擬分
別督促與扶助上開各警察機關，養成廉潔風尚，刷新警
政，積極推行新運，使特工與警察互為表裡，以鞏固國
家民族之安全，而完成復興革命之大業，惟為求全國警
政咸能與特工打成一片，以達到上項任務計，對警察行
政機關之掌握或聯絡，仍有積極擴展之必要。

戊、郵電檢查

　　查各地郵電警察所之組織系統，均隸屬調查統計局，由第一、二處平均派員參加工作，過去因有少數正、副所長意見不洽，或事權不分，時起糾紛。本年二月，乃將二、三等所正、副所長一律裁撤，以一事權。截至本年六月底止，計成立二十二所，計由生處薦請局本部委派充任所長者，有上海、海州等十二所；充任審查員者，有鎮江、杭州等十所。

　　自蘆溝橋事變後，因應付平綏、平漢、津浦及淞滬等地之郵電檢查，除特殊地區外，殊少補充，而本處武漢、京、滬等所，間有抽調少數人員，擔任臨時勤務。

　　迨滬戰放棄大場後，京、滬、皖南相繼淪為戰區，京、滬及蘇、浙、皖各戰區郵檢所奉局令於十一月下旬先後撤退至長沙待命，所有京、滬等地退回人員，除由局指派一部充實武漢、長沙兩所外，餘經局本部於湘省之岳州、常德、沅陵、芷江、邵陽、衡山、衡陽及鄂省之宜昌，設立郵檢所，分別安插。本處於上述各地均派有一、二人參加，所有本處派往各地郵電檢查人員，截至年底止，計一百零九名。一年來在整個工作上，對偵查線索與情報材料，均有鉅量之供給，惟因經費尚未規定，故對已成立之各所，未能做積極之計畫。

己、緝私部分

一、廣東全省緝私總處

去年九月間在粵保准以張君嵩同志繼任緝私總處處長後，即本以特工監督緝私，而藉緝私以掩護特工為原則，介薦幹練同學多人，充任該處督察長、第一科長、特務大隊長等職，對潮梅、五邑、東江、南路四地辦事處主任，亦均由本處派員分別擔任，運用以來，尚著相當成效。

本年四月間，為加強查緝效能，經將該處查緝股改為查緝室，直隸處長，對該室人事，亦略有更張，施行伊始，至感利便。至六月一日，並接辦廣東禁烟緝私，於是增置科員、督察員、事務員等若干，分配於各科室股服務，以資應付，並成立設計委員會，以便計畫緝私事務。具體言之，在粵緝私工作，自經張君嵩同志之努力整飭，已具相當規模，即各員屬，亦皆能以廉潔勤慎相尚，無忝厥職。謹將本年一月至十二月緝獲案件及私貨變價數目，列表如次

月別	一月	二月	三月	四月
案件統計	256	141	329	271
月別	五月	六月	七月	八月
案件統計	243	349	220	287
月別	九月	十月	十一月	十二月
案件統計	239	310	296	167
合計	3,108			

附記

（一）一月至十二月私貨變價，收入毫幣二十二萬六
千四百九十元一毫一分。

（二）沒收之私貨未經變價，及送各機關未得獎金者，
合計約十二萬零五百元。

庚、電訊交通

一、電訊

子、通訊業務

（一）全國通訊台一覽表

台名	成立日期年月日	負責人	工作人數	機器	現狀
總台	22/07/26	蘇　民	54	二百瓦特機八架一百瓦特機八架二百五十瓦特機一架	二十六年十一月二十八日移駐長沙，與全國各分台聯絡
京特一	26/11/21	周靜心	2	交直流枱鐘機一架	現不通（電機損壞）女性，收容在金陵女大
京特二	26/11/21	王鍾傑	2	直流二百瓦特軍用機一架	現在浦鎮
京特三	26/11/21	張雲飛	1	直流五瓦機一架	現在六合與情報總台聯絡
鎮江分台	26/11/11	朱一平	1	交流十五瓦幾一架	現移駐揚州與總台聯絡
無錫分台	26/11/21	孫元善	1	交流十瓦機一架	與總台直通
宜興分台	26/11/21	馬國光	1	交流五瓦機一架	與總台直通
常熟分台	26/09/12	沈　斌	1	交流十五瓦機一架	二十六年十二月一日撤銷
南通分台	26/08/28	方為之	1	直流二瓦機一架	與總台直通
江陰分台	26/10/14	嚴經如	1	直流二瓦機一架	下落不明
蘇州一台	26/08/20	莊道隆	1	交流十五瓦機一架	現在巢湖與總台直通
蘇州二台	26/11/16	江欽若	1	交流十五瓦機一架	女性，現在蘇州城內，正謀恢復中
崑山分台	26/11/10	黃　強	1	直流二瓦特機一架	現在寶應，飭向臨沂前進
上海一台	23/11/01	楊震裔	2	交流十五瓦機一架	與總台直通
上海二台	26/08/11	沈似仁	3	交流十五瓦機一架	與總台直通

台名	成立日期 年月日	負責人	工作 人數	機器	現狀
上海 三台	26/09/13	文憲章	2	交流十五瓦機一架	與總台直通
新登 分台	26/12/27	趙寶興	1	直流二瓦軍用機一架	與總台直通
六安 分台	26/12/28	陳　敏	1	直流二瓦軍用機一架	與總台直通
浦東 分台	26/08/09	周　勳	1	直流二瓦機一架	現移象山，與總台及上海聯絡
虹口 分台	26/08/05	裘聲呼	1	直流二瓦機一架	虹口失陷時，房屋被燬，人員攜帶一部分電機逃去，後派江灣台工作
江灣 分台	26/08/05	朱執中 裘聲呼	1	直流二瓦機一架	九月十三日移羅店，十一月十八日撤銷
吳淞 分台	26/08/05	秦治洲	1	直流二瓦機一架	十二月四日撤銷
崇明 分台	26/08/05	胡唯一	1	直流二瓦機一架	與總台及上海一台聯絡
南翔 分台	26/09/09	陳勇啟	1	直流二瓦機一架	十一月十二日撤銷，現移歷口待命
松江 分台	26/09/06	單一鳴	1	直流二瓦機一架	松江失陷時，被敵拉夫，去後下落不明
乍浦 分台	26/08/13	何敏予	1	直流二瓦機一架	與總台及上海聯絡
嘉興 一台	26/01/14	范星照	1	交流十五瓦機一架	現移駐諸暨，與總台直通
威海 衛 分台	26/10/25	王鵬程	1	直流二瓦機一架	與青島照常聯絡，與總台試通中
龍口 分台	26/10/23	錢國萍	1	直流二瓦機一架	與青島照常聯絡
煙台 分台	26/09/11	王能仁	1	直流二瓦機一架	與青島照常聯絡，與總台試通中
青島 分台	24/09/09	左　曙	2	交流十五瓦機一架	與總台、煙台、濰縣、威海衛聯絡
兗州 分台	26/09/12	李展裵	1	直流二瓦機一架	與總台、徐州辦事處台聯絡
泰安 分台	26/07/17	劉昌碩	1	直流二瓦機一架	兗泰組合併後移淮陰，與總台、徐州辦事處台試通中
臨城 分台	25/05/03	何　翰	1	直流二瓦機一架	與總台、津浦組流動台聯絡

台名	成立日期年月日	負責人	工作人數	機器	現狀
滄州分台	26/08/10	王紳武	1	直流二瓦機一架	十二月十五日撤銷，機器存鄭州辦事處，人調齊二台
德州分台	26/09/24	孫　鈞	1	直流二瓦機一架	十月十五日撤銷
沂州分台	25/05/06	劉興業	1	直流二瓦機一架	與總台、徐州聯絡
徐州分台	26/10/14	周拂塵	1	交流十瓦機一架	移鄉間，與總台、蚌埠聯絡
嘉興二台	26/11/18	陳少白	1	直流二瓦機一架	改建杭州分台，化名培英，與總台直通
杭州分台	22/07/26	周志岳	2	交流十瓦機一架	十二月二十四日改建金華台，與總台直通
衢州分台	26/12/24	莊蒞民	2	交流十瓦機一架	與總台直通
寧波分台	26/11/25	馬　程	1	交流二瓦機一架	現駐寧波，與總台直通
九江分台	26/12/07	沈　斌	1	直流二瓦機一架	與總台、牯嶺、南昌、湖口聯絡
南昌一台	22/08/16	戴　梁	2	交流十五瓦機一架	與總台、上饒、屯溪、安慶、九江、湖口、漢口聯絡
南昌二台	26/12/30	黃　冕	1	直流二瓦軍用機一架	與歷口、長沙、牯嶺、景德鎮聯絡
牯嶺分台	26/05/23	朱昌誠	2	直流二瓦機一架	八月十一日撤銷
牯嶺分台	26/12/11	吳藻和	1	直流二瓦機一架	與總台、南昌、九江聯絡
海會寺分台	26/06/21	羅啟鎮	2	交流十五瓦機一架	八月六日撤銷
景德鎮分台	26/12/07	張蔚林	1	直流二瓦軍用機一架	與總台、南昌聯絡
湖口分台	26/12/11	張翊飛	1	直流二瓦機一架	與總台、南昌、九江聯絡
屯溪分台	26/12/11	趙力耕	1	直流二瓦機一架	與長沙、南昌聯絡
上饒分台	26/12/07	何杰誠	1	直流二瓦軍用機一架	與總台、南昌、安慶聯絡

台名	成立日期 年月日	負責人	工作 人數	機器	現狀
蕪湖 分台	26/11/25	裘聲呼	1	交流十五瓦機一架	駐蕪湖近郊，與總台直通
安慶 分台	26/12/09	周潔如	1	交流十瓦機一架	與總台、上饒、南昌聯絡
蚌埠 分台	26/12/25	金寶林	2	直流二瓦機一架	與總台直通，徐州、東海試通
京蕪 組台	26/11/29	柴雨聲	1	直流二瓦機一架	現在鄭州，即改建林縣分台
巍山 分台	26/12/23	朱受新	2	直流二瓦機一架	與杭州、長沙聯絡
福州 一台	23/02/04	趙其元	2	交流十五瓦機一架	與總台、廈門、漳州聯絡
福州 二台	26/08/26	劉人傑	1	直流二瓦機一架	與長沙聯絡
廈門 一台	24/09/25	蔡緯訓	1	交流十五瓦機一架	與總台、福州、漳州、汕頭、同安聯絡
廈門 二台	26/08/28	姜昌麟	1	交流十五瓦機一架	駐同安，與廈門、漳州聯絡
鼓浪 嶼 分台	26/10/23	姚啟東	1	交流十五瓦機一架	與長沙聯絡
漳州 分台	26/08/26	朱定邦	1	直流二瓦機一架	與廈門、福州聯絡
汕頭 分台	25/08/18	蕭崇禹	1	交流十五瓦機一架	與總台、廈門、廣州聯絡
廣州 一台	24/09/25	陳笑權	2	交流十五瓦機一架	與湘特台、汕頭、香港、澳門、瓊州、榴江、北海、韶關、邕寧聯絡
廣州 二台	25/09/23	王　樂	2	交流十五瓦機一架	與總台、廣州灣聯絡
廣州 灣台	26/12/15	彭憶民	1	交流十五瓦機一架	與總台、廣州聯絡
澳門 分台	26/12/15	程　濟	1	交流十五瓦機一架	與總台、廣州聯絡
香港 分台	24/07/15	薛得時	2	交流十五瓦機一架	與總台、廣州聯絡
北海 分台	26/10/30	葉敏之	1	直流二瓦機一架	與總台、廣州聯絡
瓊州 分台	26/04/25	龍見田	1	直流二瓦機一架	與總台、廣州聯絡

台名	成立日期 年月日	負責人	工作 人數	機器	現狀
韶關 分台	26/04/20	吳　俠	1	直流五瓦機一架	與總台、廣州聯絡
邕寧 分台	25/09/24	霍謙益	1	直流五瓦機一架	與總台、廣州聯絡
榴江 分台	25/09/10	吳民光	1	直流五瓦機一架	與總台、廣州聯絡
漢口 一台	23/05/21	舒寶銓	4	交流十五瓦機一架	與廣水、武穴、宜昌、襄陽聯絡
漢口 二台	26/12/30	趙文琦	2	交直流枴鐘機一架	與宜昌、長沙聯絡
武昌 一台	26/12/01	王家焱	3	交流百瓦機一架	改建武昌支台，與總台專通
武昌 二台	26/12/30	蔡鳳麒	1	交直流枴鐘機一架	改建蒲圻分台，在建立中
武機 場台	26/12/30	李國華	1	軍用機一架	與漢口、長沙聯絡
武禁 烟處 台	26/12/30	趙亦雲	1	軍用機一架	與長沙聯絡
武穴 分台	26/12/30	岳德生	1	軍用機一架	與總台、漢口聯絡
廣水 分台	26/12/30	賀　豐	1	軍用機一架	與總台、漢口聯絡
襄陽 分台	26/12/30	戚家麟	1	軍用機一架	與長沙、漢口聯絡
宜昌 分台	26/05/19	沈似仁	3	交流十五瓦機一架	八月二十四日撤銷
宜昌 分台	26/12/30	朱之華	1	交直流枴鐘機一架	與長沙、漢口聯絡
潢川 分台	26/12/30	方　錚	1	軍用機一架	與鄭州聯絡
信陽 分台	26/12/30	閻守仁	1	軍用機一架	與螺河聯絡
新鄉 分台	26/10/10	王永祺	1	直流五瓦機一架	與總台、鄭州、梁台聯絡
鄭州 一台	23/02/22	張我佛	2	交流十五瓦機一架	與總台、洛陽、新鄉、安陽、硯台、開封、許昌、信陽、潢川聯絡
鄭州 二台	26/12/30	高曉峯	1	軍用機一架	與長沙、周家口、武昌聯絡

台名	成立日期年月日	負責人	工作人數	機器	現狀
鄭州三台	26/10/04	王以如	2	軍用機一架	與總台、大名、遼縣、智台、徐州、晉城、順德、新鄉、石家莊聯絡 現移螺河
洛陽分台	25/12/28	周召棠	1	交流十五瓦機一架	與總台、鄭州聯絡
安陽分台	26/10/07	陸品侯	1	軍用機一架	與總台、鄭州三台聯絡
長沙分台	24/06/06	葉文昭	3	交流十五瓦機一架	與重慶、廣州、衡陽、鼓浪嶼、貴陽、成都聯絡
衡陽分台	25/06/23	黃湘屏	1	直流二瓦機一架	與長沙聯絡
零陵分台	26/04/06	王永祺	1	直流五瓦機一架	二十六年十月十日撤銷
衡山分台	26/12/30	曹省三	1	軍用機一架	與長沙聯絡
重慶分台	23/09/25	吳高湉	3	交流十五瓦機一架	與長沙、成都、貴陽、康定、昆明聯絡
成都分台	23/09/30	許亞伯	2	交流十五瓦機一架	與長沙、重慶、康定聯絡
重慶二台	26/05/19	蕭茂如	2	交流十五瓦機一架	八月二十四日撤銷
康定分台	25/01/30	馬志成	1	直流二瓦機一架	與重慶、成都聯絡
成都二台	26/06/03	許亞伯	1	交流十五瓦機一架	八月二十四日撤銷
瀘縣分台	26/06/24	沈幼華	1	直流二瓦機一架	八月二十四日撤銷
雅安分台	26/07/14	王家焱	1	直流二瓦機一架	八月二十四日撤銷
縣縣分台	26/07/01	王以如	1	直流二瓦機一架	八月二十四日撤銷
南充分台	26/07/01	左　曙	1	直流二瓦機一架	七月三十一日撤銷
簡陽分台	26/07/01	徐賢瑜	1	直流二瓦機一架	七月三十一日撤銷
貴陽分台	25/01/22	楊永奎	1	直流二瓦機一架	與長沙、重慶、榕江聯絡
榕江分台	26/07/07	劉　巘	1	直流五瓦機一架	與貴陽聯絡

台名	成立日期年月日	負責人	工作人數	機器	現狀
昆明分台	24/07/25	陳琼	1	交流十五瓦機一架	與總台、重慶聯絡
西安一台	26/02/09	童學南	3	交流十五瓦機一架	與總台、蘭州、綏德、富平、平涼聯絡
西安二台	26/12/30	曹國斌	1	軍用機一架	與長沙聯絡
漢中分台	26/06/08	李秀夫	1	直流五瓦機一架	九月二十一日撤退
潼關分台	26/12/30	鄭子秋	1	軍用機一架	與長沙、西安聯絡
富平分台	26/04/09	方為之	1	直流二瓦機一架	八月二十一日撤銷
富平分台	26/11/03	盛尚如	1	直流二瓦機一架	與西安聯絡
平涼分台	26/07/10	張玉成	1	直流二瓦機一架	與西安、蘭州聯絡
綏德分台	24/12/02	于文華	1	直流二瓦機一架	與西安聯絡
蘭州分台	26/02/09	陳梅春	1	直流二瓦機一架	與西安、平涼、寧夏聯絡
肅州分台	26/12/30	鄒青林	1	交流十五瓦機一架	在建立中
寧夏分台	26/05/24	沈子祥	1	交流十五瓦機一架	八月十九日撤銷
寧夏分台	26/11/17	朱屏藩	1	交流十五瓦機一架	與蘭州聯絡
薩縣分台	26/10/14	歐愷	1	直流二瓦機一架	十月二十一日失去聯絡後,消息不明,仍按時守聽
歸綏分台	25/09/11	溫崇剛	1	直流二瓦機一架	該地失陷後,電機移至商店內密藏,於敵兵入城挨戶搜查時毀去現在派遣建立中
張垣一台	25/01/21	張子文	2	交流十五瓦機一架	與北平聯絡
張垣二台	26/10/20	張世杰	1	直流二瓦機一架	移建察北,與北平聯絡
雁門關分台	26/10/23	孫淯	1	交流十五瓦機一架	現被山西部隊所獲,不能工作,已電請釋放
代縣分台	26/10/13	解直生	1	直流二瓦機一架	照常工作,惟被該地駐軍監視

台名	成立日期 年月日	負責人	工作 人數	機器	現狀
晉 一台	25/07/03	魏坤宇	2	交流十五瓦機一 架	已移入太原，與臨 汾聯絡
晉 二台	26/09/19	汪克毅	2	直流二瓦機一架	縣移動至潼蒲路， 向臨汾前進
臨汾 分台	26/11/04	郭如能	1	直流二瓦機一架	與總台、晉二台聯 絡
遼縣 分台	26/11/04	徐賢瑜	1	直流二瓦機一架	與總台、晉二台聯 絡
大名 分台	26/11/04	劉偉民	1	直流二瓦機一架	與總台、鄭三台聯 絡
北平 一台	23/04/04	張修爵	3	交流十五瓦機一 架	與總台直通
北平 二台	24/12/02	查綏之	3	交流十五瓦機一 架	與總台、張北、察 北、天津聯絡
北平 三台	26/12/10	張達仁	2	交流十五瓦機一 架	與總台直通
保定 一台	24/01/15	王軼先	3	交流十五瓦機一 架	九月十八日被敵炸 燬，負責人殉難， 電台撤銷 現正在派遣建立中
保定 二台	26/07/09	蔣海濱	2	交流十五瓦機一 架	移建徐州辦事處台， 與總台、兗州、鄭 三台聯絡
正定 一台	26/09/28	李秀夫	2	直流二瓦機一架	該台負責人逃返家 鄉，當提捕在押， 正審判中
石家 莊 分台	24/01/17	謝治林	2	交流十五瓦機一 架	一月二十日被第八 路軍搜獲，不能工 作，已電請釋放， 尚無消息
順德 分台	25/05/18	殷師舜	2	直流二瓦機一架	與總台、梁台聯絡
天津 一台	23/07/25	李仲英	3	交流十五瓦機一 架	與總台、北平聯絡
天津 二台	26/10/18	齊致中	2	交流十五瓦機一 架	與總台、勇台、唐 山聯絡
唐山 分台	26/07/28	任克明	1	交流十五瓦機一 架	與總台、天津聯絡
濟南 一台	26/08/04	黃勝之	2	交流十五瓦機一 架	與總台、兗州、臨 城照常聯絡
濟南 二台	26/09/08	郭嘉言	2	交流十瓦機一架	當地負責人已將機 器封藏牆壁內，人 機均潛伏

台名	成立日期 年月日	負責人	工作 人數	機器	現狀
濰縣 分台	26/09/20	張文豪	1	直流二瓦機一架	與青島照常聯絡， 與總台試通中
東海 分台	24/11/05	左蔭棠	1	直流二瓦機一架	與總台、蚌埠台聯 絡
津浦 組流 動台	26/10/11	沈子祥	1	直流二瓦機一架	移設阜陽，與總台、 臨城聯絡
周家 口 分台	26/10/18	周蘭友	1	直流二瓦機一架	與總台聯絡
涉縣 分台	26/08/22	羅啟鎮	2	直流二瓦機一架	與總台、鄭三台聯 絡
駐馬 店 分台	26/08/22	吳承鍾	2	直流二瓦機一架	與總台聯絡
五原 分台	26/09/19	楊繼新	2	直流二瓦機一架	與總台及天津聯絡
運城 分台	26/12/29	郭　雲	2	直流二瓦軍用機 一架	與總台直通

附記
以上現有電台一百三十個，已撤及損壞電台二十四個，
合計一百五十四個。

（二）一年來電報收發份數統計表

	南京	上海	閘北	匯山	浦東	羅店	吳淞
一月	7,515	352	24	28			
二月	7,427	461	9	16			
三月	7,825	518	13	36			
四月	7,742	526		29			
五月	8,715	429		9			
六月	9,010	501		11			
七月	12,080	536					
八月	12,632	2,283	60		68	53	24
九月	13,824	4,257	48		79	68	15
十月	12,932	3,346	57		47	51	23
十一月	6,996	3,008	38		10	36	13
十二月	794	3,251	1				
合計	107,492	19,468	250	129	204	208	75

諜報戰：軍統局特務工作總報告（1937）
General Report of Special Intelligence of the Bureau of Investigation and Statistics, 1937

	松江	鎮江	江陰	蘇州	南通	崑山	徐州
一月	27						
二月	55						
三月	17						
四月							
五月							
六月							
七月							
八月				87	23		
九月	69			151	83		
十月	97		49	156	90		39
十一月	14	17	84	124	96	1	75
十二月					3	2	88
合計	279	17	133	518	295	3	202

	海州	常熟	杭州	乍浦	嘉興	安慶	蕪湖
一月			309	58			
二月			538	473			
三月			237	10			
四月			281				
五月			301				
六月			374				
七月	49		320				
八月	111		538	93			
九月	197	45	462	56			
十月	169	73	451	103			
十一月	110	31	261	165	18		
十二月	100		91	54	23	27	97
合計	736	179	4,163	1,012	41	27	97

	蚌埠	漢口	武昌	宜昌	南昌	九江	廬山
一月		393			168		
二月		530			135		
三月		490			191		
四月		383			198		
五月		595		44	219		14
六月		612		61	301		21
七月		705		114	180		1,231
八月		601		97	181		80
九月		645			295		
十月		736			267		
十一月		1,664			184		
十二月	2,414	2,602	974		435	40	18
合計	2,414	9,956	974	316	2,754	40	1,364

	景德鎮	上饒	鄭州	洛陽	安陽	西安	蘭州
一月			298	549		400	
二月			234	443		356	142
三月			175	129		409	132
四月			186	51		348	195
五月			306	12		724	205
六月			326	49		739	217
七月			282	54		918	324
八月			299	90		718	288
九月			319	85		869	301
十月			323	104	28	721	373
十一月			292	22	21	491	113
十二月	27	26	93			357	124
合計	27	26	3,133	1,618	49	7,050	2,414

	富平	綏德	漢中	平涼	福州	廈門	漳州
一月		131			213	220	
二月	97	131			185	185	
三月	114	130			173	186	
四月	127	97			145	131	
五月	136	133			195	113	
六月	145	139			201	145	
七月	26	151	18	66	224	191	
八月	17	94	5	40	301	252	
九月		183		35	504	362	32
十月	19	286		51	364	352	69
十一月	88	312		48	314	217	70
十二月		371		38	351	230	75
合計	769	2,158	23	278	3,170	2,584	246

	鼓浪嶼	同安	廣州	香港	汕頭	韶關	瓊州
一月			1,260	401	132		
二月			1,264	265	119		
三月			1,064	411	273	130	
四月			1,504	341	139	56	70
五月			1,215	379	121	91	99
六月			1,286	401	140	104	109
七月			1,642	364	21	57	138
八月			1,777	322	240	130	160
九月			1,594	379	337	127	147
十月	53		1,803	398	412	145	102
十一月	44	30	1,654	397	463	67	138
十二月	13	25	1,168	380	179	83	141
合計	110	55	17,231	4,437	2,576	990	1,104

	廉州	榴江	南寧	邕寧	長沙	衡州	零陵
一月		106	64		359	94	
二月		137	123		564	107	
三月		181	100		550	130	
四月		126	81		675	229	99
五月		120			511	211	104
六月		139			549	257	143
七月				78	302	167	50
八月		51		94	523	269	54
九月		56		87	588	198	38
十月		63		58	546	202	27
十一月	67	73		61	476	191	43
十二月	59	58		53	2,711	211	28
合計	126	1,110	368	431	9,354	2,266	586

	成都	重慶	瀘州	昆明	貴陽	榕江	北平
一月	289	819		118	100		2,010
二月	447	974		94	161		1,998
三月	532	1,066		91	111		1,681
四月	440	1,118		92	111		1,530
五月	549	1,325		131	147		1,679
六月	574	1,137		145	151		1,499
七月	516	963		86	289	82	1,567
八月	445	968	44	1,110	237	73	777
九月	568	976		82	253	58	671
十月	527	843		69	168	36	785
十一月	357	243		60	322	28	572
十二月	212	966		40	170	37	220
合計	5,456	11,398	44	2,118	2,220	314	14,989

	天津	保定	石莊	順德	唐山	滄州	濟南
一月	891	198	274	53			120
二月	559	168	192	51			85
三月	394	149	153	27			85
四月	322	129	88	79			132
五月	313	108	104	83			98
六月	325	116	109	88			101
七月	1,065	1,016	398	63	38		204
八月	1,230	1,016	477	285	200	72	445
九月	1,135	763	586	269	139	58	867
十月	890	248	53	297	135	45	1,030
十一月	719		95	174	110	10	105
十二月	499		24	105			142
合計	8,342	3,911	2,553	1,574	622	185	3,414

	青島	泰安	煙台	臨城	沂州	臨縣	濰縣
一月	78	38					
二月	82	12					
三月	107	39					
四月	40	25					
五月	153						
六月	159						
七月	313	29		56	91		
八月	292	100		69	101		
九月	361	31	42	78	102	8	43
十月	403	29	98	102	138	39	42
十一月	248	76	49	53	73	4	93
十二月	209			29	4		
合計	2,445	379	189	387	509	51	178

	兗州	龍口	太原	晉城	張垣	歸綏	張北
一月			269		530	412	
二月			205		437	263	
三月			182		397	248	
四月			97		353	273	
五月			159		386	494	
六月			171		398	507	
七月			171			420	519
八月			182			336	426
九月	63		418			421	
十月	73	19	767	192		302	
十一月	81	8	77	73			
十二月	37						
合計	254	27	2,698	265	2,501	3,676	945

	寧夏	雅安	薩縣	西康	歷口	津浦組
一月				91		
二月				89		
三月				84		
四月				109		
五月				79		
六月				91		
七月	49			74		
八月		42		73		
九月				79		
十月			13	61		103
十一月				52		126
十二月				33	13	39
合計	49	42	13	915	13	268

	硯台	智台	仁台	勇台	梁台	全國總計
一月						19,391
二月						19,813
三月						18,970
四月						18,697
五月						20,838
六月						21,551
七月						28,297
八月		8	3			31,666
九月		67	10		149	34,862
十月	52	139			236	33,119
十一月	49	111		97	140	23,880
十二月	6	6				20,588
合計	127	331	13	97	525	291,672

（三）一年來電報收發字數統計表

	南京	上海	閘北	匯山	浦東	羅店	吳淞
一月	614,876	2,452	651	884			
二月	576,771	30,067	273	355			
三月	600,183	38,238	508	978			
四月	569,326	45,040		452			
五月	668,358	28,235		282			
六月	921,321	34,013		317			
七月	1,064,574	40,483					
八月	1,031,563	184,478	4,128		3,620	1,965	1,937
九月	1,112,113	460,687	5,103		4,497	3,741	639
十月	1,083,486	319,907	2,341		2,851	3,743	1,037
十一月	573,803	346,101	1,974		417	2,206	634
十二月	35,549	386,577	55				
合計	8,851,923	1,916,278	15,033	3,268	11,385	11,655	4,247

	松江	鎮江	江陰	蘇州	南通	崑山	徐州
一月	574						
二月	2,954						
三月	583						
四月							
五月							
六月							
七月							
八月				6,451	1,091		
九月	3,408			9,315	4,292		
十月	5,100		3,706	10,008	4,678		3,919
十一月	1,478	1,045	4,426	10,479	4,998	143	6,068
十二月				1,021	133	193	5,675
合計	14,097	1,045	8,132	37,274	15,192	336	15,662

	海州	常熟	杭州	乍浦	嘉興	安慶	蕪湖
一月	3,421		18,471	2,360			
二月	1,946		34,486	1,409			
三月	1,664		12,849	287			
四月	1,767		14,686				
五月	2,151		15,761				
六月	2,042		21,952				
七月	3,179		17,573				
八月	7,615		33,874	4,871			
九月	13,333	2,515	29,885	4,223			
十月	12,384	2,920	30,013	8,024			
十一月	5,537	1,152	16,036	12,268	1,268		
十二月	6,554		6,924	3,756	11,745	2,105	6,491
合計	61,593	6,587	252,510	37,198	13,013	2,105	6,491

	蚌埠	漢口	武昌	宜昌	南昌	九江	廬山
一月		32,405			11,649		
二月		38,057			10,802		
三月		32,029			13,056		
四月		25,938			12,939		
五月		42,273		3,346	13,180		769
六月		47,291		3,941	20,715		946
七月		54,147		7,301	12,494		142,000
八月		41,661		8,736	13,293		4,511
九月		51,508			23,679		
十月		58,923			22,105		
十一月		126,032			15,457		
十二月	2,414	198,303	70,056		44,250	2,108	800
合計	2,414	848,567	70,056	23,324	213,619	2,108	148,996

	景德鎮	上饒	鄭州	洛陽	安陽	西安	蘭州
一月			18,838	42,670		31,086	
二月			13,578	31,492		29,793	6,797
三月			9,990	5,968		28,794	8,128
四月			9,763	1,655		26,317	11,900
五月			30,863	1,460		56,434	13,892
六月			21,851	1,951		57,335	13,385
七月			18,261	3,474		81,490	25,800
八月			18,204	5,620		45,132	19,773
九月			20,484	5,278		64,512	3,011
十月			20,189	6,638	1,643	56,024	28,512
十一月			18,083	659	914	38,369	8,975
十二月	4,252	1,770	5,790			32,971	6,939
合計	4,252	1,770	205,894	106,865	2,557	548,257	147,112

	富平	綏德	漢中	平涼	福州	廈門	漳州
一月		8,517			16,417	18,008	
二月	7,436	8,212			13,529	14,529	
三月	10,558	7,239			10,654	13,417	
四月	12,365	3,575			10,255	11,584	
五月	13,476	8,621			12,139	9,869	
六月	13,476	8,370			19,254	10,952	
七月	13,569	16,291	557	2,851	24,364	15,810	
八月	864	9,945	94	2,290	33,011	22,500	
九月	649	16,212		2,091	31,939	24,223	2,152
十月		27,631		4,003	29,787	23,190	3,742
十一月	1,313	29,973		3,017	19,145	13,767	4,002
十二月	7,143	40,113		2,026	25,316	14,048	4,308
合計	80,879	184,699	651	16,278	245,810	191,897	14,204

	鼓浪嶼	同安	廣州	香港	汕頭	韶關	瓊州
一月			113,995	33,956	12,763		
二月			109,433	22,572	9,022		
三月			134,624	17,074	11,349		
四月			125,634	23,241	9,918	3,739	4,847
五月			95,294	28,059	9,652	4,124	7,133
六月			84,931	30,721	10,751	5,207	10,012
七月			153,234	26,675	1,329	4,567	8,094
八月			141,698	20,683	15,916	9,149	12,034
九月			154,175	29,148	21,744	9,013	11,380
十月	3.287		133,120	32,174	27,268	12,311	8,923
十一月	2,377	1,672	96,087	30,037	31,212	5,480	12,164
十二月	498	1,245	112,954	31,806	12,021	7,009	13,104
合計	6,162	2,917	1,455,149	326,146	172,945	60,599	87,691

	廉州	榴江	南寧	邕寧	長沙	衡州	零陵
一月		12,101	9,142		34,417	8,899	
二月		14,056	9,344		43,740	8,570	
三月		19,036	8,669		4,220	9,880	
四月		17,308	5,172		48,652	14,986	6,172
五月		12,484			39,197	17,271	5,477
六月		17,528			41,093	21,294	8,121
七月				5,528	20,719	16,172	3,070
八月		6,518		11,524	39,470	23,811	3,248
九月		5,432		6,714	48,368	16,340	2,864
十月		6,073		4,685	45,817	14,730	1,943
十一月	6,655	7,958		4,933	109,706	15,386	2,389
十二月	5,042	5,895		4,396	162,897	16,313	2,020
合計	11,697	124,389	32,327	37,780	638,296	183,652	35,304

	成都	重慶	瀘州	昆明	貴陽	榕江	北平
一月	32,081	82,077		9,541	8,641		206,511
二月	36,930	84,685		6,886	8,996		170,957
三月	49,185	108,543		7,338	7,466		124,486
四月	35,217	89,353		6,887	7,905		145,197
五月	43,378	98,782		8,571	8,301		226,218
六月	47,492	104,201		10,324	11,121		146,355
七月	30,126	19,088		10,121	23,623	7,517	61,720
八月	38,512	84,636	3,221	13,576	18,119	6,020	85,090
九月	35,802	85,220		7,144	19,872	4,921	76,727
十月	32,527	90,874		6,261	13,183	2,250	71,910
十一月	26,532	67,488		5,473	10,892	1,659	59,837
十二月	23,120	19,056		3,634	11,174	2,893	25,175
合計	430,902	934,003	3,221	95,756	149,293	24,761	1,400,183

	天津	保定	石莊	順德	唐山	滄州	濟南
一月	29,351	15,070	22,165	3,947			8,530
二月	77,252	10,589	10,810	3,552			6,647
三月	22,784	8,894	1,244	4,541			11,290
四月	91,554	6,647	8,189	4,319			4,455
五月	140,634	7,021	9,754	5,121			4,539
六月	26,654	6,562	9,650	4,795			4,455
七月	58,365	75,609	33,185	5,042	3,114		14,200
八月	33,578	72,817	35,552	20,408	27,093	3,752	27,728
九月	131,470	55,861	41,539	20,992	12,381	3,225	57,815
十月	161,087	15,967	3,745	20,368	11,467	2,628	76,181
十一月	96,781		5,602	11,174	19,467	729	65,816
十二月	83,164		1,597	93,553			10,698
合計	952,674	275,087	184,032	217,812	73,522	10,334	292,354

	青島	泰安	煙台	臨城	沂州	濰縣	臨縣
一月	6,754	1,811		2,882	8,498		
二月	9,139	894		1,810	3,179		
三月	8,108	1,620		1,340	5,027		
四月	9,714	2,128		871	3,211		
五月	11,950			1,472	6,429		
六月	11,839			1,159	6,181		
七月	24,964	939		4,174	7,665		
八月	26,335	4,765		4,174	10,346		
九月	29,069	1,730	1,909	4,214	7,421	3,431	470
十月	33,573	1,810	8,405	5,290	9,654	3,237	3,765
十一月	17,162	3,352	4,959	8,079	4,138	5,364	182
十二月	12,042			3,235	339		
合計	200,649	19,031	15,273	38,700	72,088	12,032	4,417

	兗州	龍口	太原	晉城	張垣	歸綏	張北
一月			22,327		58,023	39,653	
二月			12,466		54,475	29,324	
三月			11,379		38,209	21,566	
四月			6,258		33,302	22,640	
五月			12,315		43,109	45,871	
六月			11,952		42,976	45,405	
七月			12,544			38,925	64,324
八月			12,741			27,148	4,740
九月	3,859		35,293			33,068	
十月	5,431	1,768	63,272	21,079		21,374	
十一月	6,155	622	7,264	7,151			
十二月	2,697						
合計	18,142	2,390	210,811	28,230	270,094	324,974	69,064

	寧夏	雅安	薩縣	西康	歷口	津浦組
一月					15,299	
二月					13,012	
三月					12,298	
四月					12,650	
五月					10,106	
六月					13,092	
七月	2,180				11,745	
八月		3,236			8,741	
九月					9,003	
十月			678		4,910	9,687
十一月					6,276	11,049
十二月					3,104	2,957
合計	2,180	3,2326	678		120,236	23,693

	硯台	智台	仁台	勇台	梁台	全國總計
一月						1,216,909
二月						1,173,795
三月						1,035,300
四月						1,097,747
五月						1,430,890
六月						1,486,481
七月						1,799,511
八月		429	194			2,368,675
九月		4,375	139			2,347,710
十月	3,846	10,710			11,692	2,283,141
十一月	4,120	8,485		10,480	20,222	6,468,700
十二月	303	592			9,327	1,302,190
合計	8,269	24,591	333	10,480	41,241	24,000,049

（四）一年來各偵察台抄收份字數量統計表

台別	南京偵察總台		上海偵察分台		廣州偵察分台	
	份數	字數	份數	字數	份數	字數
一月	1,864	179,314	649	57,833	1,380	103,596
二月	2,010	172,745	374	34,386	1,301	92,227
三月	2,383	178,959	467	34,796	1,375	80,983
四月	1,846	137,580	395	40,905	1,150	74,391
五月	1,868	137,748	301	33,278	1,453	93,846
六月	1,925	139,185	379	45,375	1,440	109,369
七月	1,687	149,957	890	107,269	1,188	91,219
八月	1,217	114,058	578	60,611	391	32,040
九月	112	8,584			496	33,140
十月	329	23,888			634	52,093
十一月						
十二月						
總計	15,241	1,242,018	4,033	414,453	10,808	762,904

台別	北平偵察分台		宜昌偵察分台		各偵察台合計	
	份數	字數	份數	字數	份數	字數
一月	591	50,392			4,484	391,135
二月	413	33,466			4,098	332,824
三月	466	32,279			4,691	327,017
四月	350	20,211			3,741	273,087
五月	605	46,785	15	1,296	4,242	312,953
六月	581	47,606	90	7,068	4,415	348,603
七月	696	68,491	148	13,300	4,609	430,236
八月	20	3,864	185	16,595	2,391	227,168
九月					608	41,724
十月					963	75,981
十一月						
十二月						
總計	3,722	303,094	438	38,259	34,242	2,762,728

備考

一、南京、上海、廣州、宜昌各偵察台九、十、十一、
　　十二等月份數字，因未據報，故未列入。

二、宜昌偵察台係於本年五月二十日開始工作。

丑、製造業務

（一）電機製造品類數量

名稱	程式	數量	備考
二百三級主振式發報機	T200E	3	
十五瓦二瓦主振式交直流兩用發報機	T15F	15	現洛陽、西安、蘭州、北平、青島均用此類，成績良佳
二百主振式直流發報機	T2F	10	
八管超外差式報話兩用收訊機	R8B R8C R8D	10	交直流兩用
七管超外差式報話兩用收訊機	R7A	1	交直流兩用
四管直流省電式收報機	R4G	5	
三管迴授式收報機	R3D	31	
枱鐘式直流收發報機	T2FR1C	2	
留聲機式收發報機	T2FR1C	1	
枱鐘式十瓦二瓦交直流收發報機	T10BR3D T10CR3D	20	
一瓦軍用收發報機	T2FR4I T2FR3B T2CR4H	76	
八十瓦整流器	Z80A	13	
五十瓦整流器	Z50A	10	
四十瓦整流器	Z40A	20	
十三瓦整流器	Z13A	1	
三十瓦主振式發報機	T30B	2	
七瓦發話機	T7A	2	
十管超外式收訊機	R10A	1	
六管超外差收訊機	R6A	1	
超短波收發話兩用機	UHFD	2	
超短波發話機	UHFE	1	
二瓦騎兵用收發報機	T2FR3D	1	
二管測向器	DF	2	
二十瓦調幅器	M20A	1	
一瓦成音振盪器	A01A	1	
吸收式波長表	WM	1	
真空管電壓表	WMA	1	
小號電鍵		80	
拾電圈		140	
特種收發報天線		30	

（二）電機出納表

名稱	程式	前存	新收	製成	發出	折去	結存
二百瓦三級主振式發報機	T200E			3	2		1
十二瓦二瓦主振式交直流兩用發報機	T15F		1	15	16		
二瓦主振式直流發報機	T2A T2F T2D		14	10	24		
八管超外差式報話兩用收訊機	R8A R8B R8C R8D		1	10	10		1
七管超外差式報話兩用收訊機	R7A			1	1		
四管直流省電式收報機	R4G			5	5		
三管迴授式收報機	R3B R3D	4	5	31	37	3	
枱鐘式直流收發報機	T2FR1C			2	2		
留聲機式收發報機	T2FR1C			1	1		
枱鐘式十瓦二瓦交直流兩用收發報機	T10BR3D T10CR3D			20	20		
二瓦背包式軍用收發報機	T2CR4I T2FR4I T2FR3B	4		76	80		
十五瓦二瓦自振式交直流發報機	T15B AC-15- DC-2 T15F		1			1	
三十瓦主振式發報機	T30B			2	2		
七瓦發話機	T7A			2			
一百瓦主振式發報機	T100B		1		1		
八十瓦整流器	Z80A	3	2	13	18		
五十瓦整流器	Z50A			10	7		3
四十瓦整流器	Z40A			20	20		
十三瓦整流器	Z13A			1	1		
八十瓦整流器	Z80A		1			1	
濾波器	Filter		1			1	
整流器	Rectifier		1		1		
三瓦成音震盪器	A03A	1			1		
一瓦成因振盪器	A01A			1	1		
十管超外差式收訊機	R10A			1	1		
六管超外差式收訊機	R6A			1	1		

名稱	程式	前存	新收	製成	發出	折去	結存
吸收式波長表	WM			1	1		
二十瓦調幅器	M20A			1	1		
二瓦騎兵用收發報機	T2FR3D			1	1		
二瓦發報機	T2B		1		1		
超短波收發話機	UHFC UHFD		2	2	4		
超短波發話機	UHFE			1		1	
二管測向器	DF			2	2		
真空管電壓表	VMA			1	1		
真空管電壓表	VTA	1			1		
電力吸收器	DA	1				1	
十五瓦二瓦自振式交直流發報機	MOPA-R-16	1	4		5		
大鍵		15			3		12
小鍵				80		76	4
拾電圈		13		140	127		26
特種收發天線		20		30	50		

寅、電訊業務之檢討與改進

本處電訊工作，經多年之努力，已粗具規模，製造方面正力求精進，惟訓練事項，距吾人之理想尚遠。查二十五年底止，各地分台為四十二個，本年一年來，突增至一百六十八個，除已撤銷二十六個外，計實增一百個，事實上仍供不應求，又因人手之不繼，遂往往使不能充任主任報務員者，亦得權負重責，單位既多，故關於指導與配備工作，當不容過去之精謹，今後改進計畫在多求一般人員能力的質之提高。而通訊幹部人員之修養，須更著重於特務犧牲精神與特務通訊常識，各區設督察以督導工作，並充實技術人員，訓練班內尤須多設班次，從事各部門之嚴格訓練，以期人盡其才，以應付本處當前之實際需要。

二、交通

子、交通概況

應抗戰形式之轉移，本處奉令遷湘，故以長沙為交通中心。為便利工作，而交通線又不得不加以更張與調整，茲將到湘後交通之佈置略述如下。

（一）鐵路方面

（甲）因本處移湘辦公室，故粵漢路一變為重要路線，自應加強力量，以赴事功，平漢路亦因工作重心之移轉而增其重要性。爰將以前京滬鐵路交通及領有督察乘車證之人員，視該兩路工作情形之需要，分別調遣補充。但該兩路路線遼長，且軍運頻繁，而敵機復不時加以轟炸，故人員雖有增加，而對傳遞上仍難免有遲滯之憾。

（乙）潯贛文件，向由長江轉送，移湘後，本可一仍其舊，但以長江路線之縮短，與船隻之減少，傳遞至為遲延。為便利靈活起見，乃即設法建立浙贛鐵路交通，俾文件由粵漢路經株萍路而至南昌，並可由此線以達金華。此線在未建立完竣之前，以領有督察證之人員擔任傳遞。

（二）水路方面

粵漢鐵路既時遭敵機之轟炸，則交通之延滯情形，至可想見，為補救計，經在內河建立水上交通，以資輔助。又湘潭單位頗多，經亦佈置內河交通以利傳遞，此線每日一班，極為便利。

　　此外並利用警護隊（前身護航隊）來往長沙至南昌間之汽車而佈置湘贛公路交通，以補浙贛鐵路交通線之不及，至湘粵、湘黔及湘贛、湘川各公路交通，亦均積極計畫佈置中。

丑、交通路線系統表

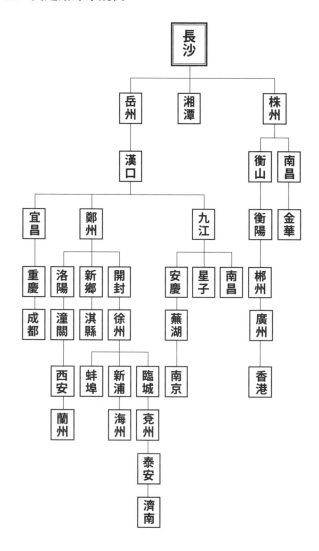

寅、一年來交通傳遞次數表

起訖	南京杭州		南京蕪湖		南京天津		徐州新浦		徐州西安	
	往	返	往	返	往	返	往	返	往	返
一月	31	31			31	31	16	15	16	15
二月	28	28			28	28	14	14	14	14
三月	31	31			31	31	15	16	15	16
四月	30	30			30	30	15	15	15	15
五月	31	31			31	31	16	15	16	15
六月	30	30			30	30	15	15	15	15
七月	31	31			31	31	16	15	16	15
八月	31	31			31	31	15	16	15	16
九月	30	30	6	6	30	30	15	15	15	15
十月	27	26	1	1	31	31	16	15	16	15
十一月	19	17			26	26	15	15	15	15
十二月					15	15	15	16	15	16
備考	十二月因本處移湘停止		九月建立，十月即停止							

起訖	徐州鄭州		鄭州北平		鄭州漢口		九江南昌		杭州南昌	
	往	返	往	返	往	返	往	返	往	返
一月	16	15	16	15	6	5	5	5		
二月	14	14	14	14	5	6	5	5		
三月	20	20	15	16	6	5	5	5		
四月	30	30	23	23	6	6	5	5		
五月	31	31	31	31	7	6	5	5		
六月	30	30	30	30	6	6	5	5		
七月	31	31	31	31	6	6	5	5		
八月	31	31	14	15	6	6	5	5		
九月	30	30	25	25	7	7	5	5		
十月	31	31	12	12	6	7	5	5		
十一月	30	30			7	6	5	5		
十二月	31	31			25	25	5	5	15	15
備考										

起訖	漢口長沙		長沙湘潭		北平張家口		北平包頭		南京漢口	
	往	返	往	返	往	返	往	返	往	返
一月					31	31	23	21	15	14
二月					28	28	22	24	13	16
三月	15	15			31	31	21	22	15	16
四月	30	30			30	30	23	21	17	14
五月	31	31			31	31	26	26	16	16
六月	30	30			30	30	25	25	19	18
七月	31	31			31	31			19	19
八月	31	31							18	17
九月	30	30							15	15
十月									12	13
十一月									12	11
十二月			15	15					10	9
備考	十月份起停止				自八月份起即失聯絡					

起訖	漢口廣州		漢口宜昌		宜昌重慶		上海寧波		上海福州	
	往	返	往	返	往	返	往	返	往	返
一月			1	1	2	2	13	12	8	7
二月			1	1	3	3	12	3	4	4
三月			6	6	6	6	13	13	3	3
四月			1	1	1	1	13	13	3	3
五月			3	3	3	3	13	13	3	4
六月			3	3	3	3	13	13	4	4
七月			3	2	2	2	13	13	9	9
八月	13	13	2	2	2	2	6	6	2	1
九月	13	13	2	2	2	2				
十月	27	27	3	2	3	2				
十一月	26	26	2	2	2	2				
十二月	27	27	2	3	2	3				
備考	八月建立						九月份起停止		九月份起停止	

起訖	上海廣州		上海廈門	
	往	返	往	返
一月	6	7	4	4
二月	7	6	4	4
三月	7	9	4	4
四月	7	6	3	3
五月	8	8	2	2
六月	6	7	4	4
七月	3	3		
八月	3	2		
九月				
十月				
十一月				
十二月				
備考	九月份起停止			

三、收發

子、一年來收發文件按月統計表

月份 收發	收		
	函	電	合計
一月	3,314	3,185	6,499
二月	3,302	3,270	6,572
三月	3,658	3,440	7,098
四月	4,224	3,769	7,993
五月	5,218	3,769	8,987
六月	5,175	3,458	8,633
七月	5,839	6,132	11,971
八月	5,417	6,311	11,728
九月	4,893	6,621	11,514
十月	5,080	6,310	11,390
十一月	2,796	6,000	8,796
十二月	1,697	4,060	5,757
總計	50,643	56,325	106,938

月份 收發	發		
	函	電	合計
一月	2,336	2,363	4,699
二月	2,069	2,137	4,206
三月	2,680	2,096	4,776
四月	2,275	1,911	4,186
五月	2,629	2,284	4,913
六月	2,526	2,201	4,727
七月	3,012	3,300	6,312
八月	3,055	4,044	7,099
九月	2,065	5,000	7,065
十月	2,402	5,050	7,452
十一月	1,390	2,921	4,311
十二月	336	2,914	3,250
總計	26,775	36,221	62,996

收發\月份	共計		
	函	電	合計
一月	5,650	5,548	11,198
二月	5,371	5,407	10,778
三月	6,338	5,536	11,874
四月	6,499	5,680	12,179
五月	7,847	6,053	13,900
六月	7,701	5,659	13,360
七月	8,851	9,432	18,283
八月	8,472	10,355	18,827
九月	6,958	11,621	18,579
十月	7,482	11,360	18,842
十一月	4,186	8,921	13,107
十二月	2,033	6,974	9,007
總計	77,418	92,546	169,964

丑、一年來收發文件按區統計表

鈞座、團體、調查統計局

收發\地區	收		
	函	電	合計
鈞座	31	65	96
團體	2,400	827	3,227
調查統計局	703		703
調查統計局第一處	417		417

收發\地區	發		
	函	電	合計
鈞座	3,065	402	3,467
團體	1,325	1,087	2,412
調查統計局	2,874		2,874
調查統計局第一處	443		443

地區 \ 收發	共計 函	共計 電	合計
鈞座	3,096	467	3,563
團體	3,725	1,914	5,639
調查統計局	3,577		3,577
調查統計局第一處	860		860

華東

地區 \ 收發	收 函	收 電	合計
南京區	3,365		3,365
上海區	1,816	5,621	7,437
鎮江組	1,085	100	1,185
蕪湖組	35	170	205
徐州組	808	289	1,097
海州組	483	199	682
南通組	105	40	145
松江組		59	59
蘇州組	864	79	943
浙江站	1,661	959	2,620
乍浦組		400	400
安徽站	1,830	120	1,950
蚌埠組	566	219	785

地區 \ 收發	發 函	發 電	合計
南京區	1,992		1,992
上海區	1,398	3,749	5,147
鎮江組	514	29	543
蕪湖組	15	29	44
徐州組	346	130	476
海州組	287	100	387
南通組	155	16	171
松江組		18	18
蘇州組	329	42	371
浙江站	411	600	1,011
乍浦組	5	263	268
安徽站	702	102	804
蚌埠組	194	100	294

收發 地區	共計		
	函	電	合計
南京區	5,357		5,357
上海區	3,214	9,370	12,584
鎮江組	1,599	1,259	1,728
蕪湖組	50	199	249
徐州組	1,154	419	1,573
海州組	770	299	1,069
南通組	260	56	316
松江組		77	77
蘇州組	1,193	121	1,314
浙江站	2,072	1,559	3,631
乍浦組	5	663	668
安徽站	2,532	222	2,754
蚌埠組	760	319	1,079

華中

收發 地區	收		
	函	電	合計
武漢區	3,654	2,200	5,854
湖北站	5	260	265
禁烟組	756	210	966
江西站	1,899	1,224	3,123
九江組	168	42	210
廬山組		755	755
河南站	1,237	1,799	3,036
西北區	864	2,120	2,984
蘭州站	512	244	756

收發 地區	發		
	函	電	合計
武漢區	734	1,355	2,089
湖北站	3	29	32
禁烟組	109	75	184
江西站	343	825	1,168
九江組	24	15	39
廬山組		160	160
河南站	376	1,046	1,422
西北區	178	1,467	1,645
蘭州站	21	100	121

收發 地區	共計		
	函	電	合計
武漢區	4,388	3,555	7,943
湖北站	8	289	297
禁烟組	865	285	1,150
江西站	2,242	2,049	4,291
九江組	192	57	249
廬山組		915	915
河南站	1,613	2,845	4,458
西北區	1,042	3,587	4,629
蘭州站	533	344	877

華南

收發 地區	收		
	函	電	合計
廣州站	294	3,360	3,654
香港站	113	3,000	3,113
閩北站	421	1,628	2,049
閩南站	492	1,442	1,941
湖南區	349	200	549
長沙站	1,657	1,643	3,300
雲南站	55	550	605
貴州站	246	251	497
川康區	2,545	2,869	5,414

收發 地區	發		
	函	電	合計
廣州站	115	1,920	2,035
香港站	74	1,900	1,974
閩北站	136	645	781
閩南站	74	659	733
湖南區	100	55	155
長沙站	200	799	999
雲南站	29	259	288
貴州站	35	188	223
川康區	249	2,095	2,344

收發 地區	共計		
	函	電	合計
廣州站	409	5,280	5,689
香港站	187	4,900	5,087
閩北站	557	2,273	2,830
閩南站	566	2,101	2,667
湖南區	449	225	704
長沙站	1,857	2,442	4299
雲南站	84	809	893
貴州站	281	439	720
川康區	2,794	4,964	7,758

華北

收發 地區	收		
	函	電	合計
北平區	205	4,773	4,978
天津站	628	2,929	3,557
保定組	422	847	1,269
石莊站	241	1,099	1,340
順德組	426	209	635
山西站	497	2,339	2,836
濟南站	1,349	1,066	2,415
青島站	132	1,304	1,436
兗州組	364	179	543
泰安組	183	49	232
臨城組	191	88	279
沂州組	294	269	563
濰縣組		50	50
察哈爾站	85	1,906	1,991
綏遠站	68	2,339	2,407
察綏晉區		100	100

諜報戰：軍統局特務工作總報告（1937）

General Report of Special Intelligence of the Bureau of Investigation and Statistics, 1937

收發 / 地區	發		
	函	電	合計
北平區	99	2,216	2,315
天津站	80	2,000	2,080
保定組	81	495	576
石莊站	116	644	760
順德組	77	180	257
山西站	106	1,596	1,702
濟南站	251	606	857
青島站	97	779	876
兗州組	91	125	216
泰安組	8	25	33
臨城組	67	70	137
沂州組	67	169	236
濰縣組		16	16
察哈爾站	49	2,001	2,050
綏遠站	37	1,820	1,857
察綏晉區		40	40

收發 / 地區	共計		
	函	電	合計
北平區	304	6,989	7,293
天津站	708	4,929	5,637
保定組	503	1,342	1,845
石莊站	357	1,743	2,100
順德組	503	389	892
山西站	603	3,935	4,538
濟南站	1,600	1,672	3,272
青島站	229	2,083	2,312
兗州組	455	304	759
泰安組	191	74	265
臨城組	258	158	416
沂州組	361	438	799
濰縣組		66	66
察哈爾站	134	3,907	4,041
綏遠站	105	4,159	4,264
察綏晉區		140	140

其他、總計

收發\地區	收		
	函	電	合計
軍事	2,354	131	2,485
國際	370	48	418
直屬員	515	20	535
督察處	122	32	154
郵電檢查所	3,076	123	3,198
電台		87	87
其他	7,685	3,394	11,079
總計	50,643	56,325	106,968

收發\地區	發		
	函	電	合計
軍事	1,815	80	1,895
國際	150	16	166
直屬員	102	15	117
督察處	53	25	78
郵電檢查所	381	100	481
電台		44	44
其他	6,193	2,900	9,093
總計	26,775	36,221	62,996

收發\地區	共計		
	函	電	合計
軍事	4,169	211	4,380
國際	520	64	584
直屬員	617	35	652
督察處	175	57	232
郵電檢查所	3,457	223	3,680
電台		131	131
其他	13,878	6,294	20,172
總計	77,418	92,546	169,964

辛、司法部分

一、新監之成立與遷移及人犯之收容

　　查生處在江東門建築之新監獄工程，係於上年十一月完竣，曾會同軍政部及有關機關派員驗收，至本年二月中旬始行接管。惟當時因內部衛生、防護等設備，事先設計稍欠週詳，尚多缺陷，復經招標承修，嗣以自來水管工程一項延至六月底始全部告竣。該監名稱，經奉呈軍政部定名為「軍政部南京軍人監獄」，乃於七月一日將原有甲、乙、丙三地移併收容。至關於人犯之戒護、衛生、教誨作業等一切獄務，均參照一般軍人監獄與普通監獄之優良辦法，一本新規，切實施行。詎自淞滬抗戰發生，首都屢遭空襲，新監地址鄰近上新河無線電台，故亦頻受威脅。當時中央軍監積極疏釋人犯，並從事遷徙，本處新監亦不得不作同樣準備，是以將監內工作人員中之違犯紀律情節輕微者，及執行刑期已逾三分之二者，簽奉批准提前開釋，予以工作，使其戴罪圖功，其在禁之重要漢奸，則呈奉批准處決。九月十日乃將禁閉之人犯，派遣警衛，僱定專輪全數遷漢，借用湖北軍監。不意遷徙未久，新監原址一部，及中央軍監內部，悉遭轟炸，房屋雖有倒塌，人犯均已早遷，故無損傷情事。復以湖北軍監接近漢口飛機場、防空設備，一時難以籌辦，故決定再遷湖南之益陽，覓屋估修，暫作監所，且以本處辦公處所，遷設長沙，而長沙又無空屋

可作監所之用，益陽地址較偏，掩護較易，同時又與長沙接近，在事務上可便於指揮處理。

查本處監犯，計二十六年份，除由各區站之行動案件，經指示就近運用公開機關辦理外，其收押之人犯計共二百三十二名，其中開釋（取決死亡在內，均已專案呈報在卷）者一六九名。其後陸續新收，截至年底止，實存人犯一二三名，計普通人犯七十六名、工作同志三十八名、團體寄押之修養人九名，其因便於偵訊而寄押武昌行營三科之人犯，尚不在內，至工作人員因違紀而暫釋者，已載明功過賞罰考核表，不另呈報。

壬、二十七年工作計畫綱要

一、人事組織方面

子、加強內勤指導力量

自全面抗戰以來，本處任務愈益繁重。外勤之佈置，既日益擴充，則內勤之指導，自當隨之加強。數年來內勤組織，運用尚稱靈活，暫無變更必要，惟當此長期抗戰時期，關於軍事參謀之人才，與熟諳國際情勢之幹員，實為本處處理情報與指導行動工作所必需，亟應設法物色思想純正、意志堅定、忠實幹練之上項人員，俾充實內勤之指導力量。

丑、調整內外工作人員

切實舉行考核工作，凡任內勤日久之幹練人員，應使其明瞭外勤工作之實際情況，當相機外調擔任外勤領導工作，同時將外勤之優秀人員，調入總處，如此相互調劑，以期內外情況溝通，並藉以養成健全之特工幹部。至於少數能力薄弱、情緒衰退或不適合於特工之人員，將設法調任公開工作，或在可能而無礙之範圍內，予以遣散，以符人盡其才、款不虛糜之旨。

寅、改進外勤組織以適應戰時需要

（一）凡在敵軍佔領區域，組織務求簡約，單位不妨增多，總期一面能保守秘密，動作靈便，一面能佈置周密，消息靈通。故除平、津、上海等城市易於掩護，

仍採區站制度以外，其餘均當改為小組形式，每組三、五人，配一電台，以達秘密靈活之目的。

（二）凡在作戰地帶情報網之佈置，亦以小組為原則，選擇有軍事智識及作戰經驗之幹員，分任組長，俾能深入戰線，採取確實情報，必要時亦得與駐軍長官聯絡，藉盡協助之力。惟電台掩護，必須絕對秘密，務以我軍撤退敵人進佔時，仍能立足為目的。

（三）其在後方各省雖以戰爭影響，任務比前倍加重要，惟組織系統，可仍舊貫，而人事佈置，當設法加強，並隨時準備應付戰爭環境與非常局面。故凡有公開掩護機關之地區，仍另行設立一個或數個秘密機關，以備公開機關撤退或不能立足時，工作仍能維持，並將已暴露任務之人員與秘密組織隔離，俾臻嚴密而防意外。

卯、成立前方辦事處以加緊督察任務

查抗戰時期，交通諸多阻隔，而我工作佈置，深入敵人後方，為完滿達成特工任務，有加緊實際督察與指導工作之必要。除已於鄭州、徐州、漢口、南昌等地成立辦事處外，此後當視戰事之推移隨時增建辦事處，以靈便指揮。

二、情報行動方面

子、敵人佔領區域內之工作

（一）凡在敵人佔領地區，自以偵查敵軍實力與行動，敵方飛機、軍實之駐屯地帶，敵人指揮之漢奸組織及其活動，與敵方之一切軍事、政治、經濟、文化等措施為主要工作對象。

（二）在敵軍佔領區域組織行動小組，隨時襲擊敵人，炸燬敵人飛機，焚燒敵方軍實糧秣，破壞鐵路橋樑，截斷電桿、電線，擾亂敵人後方，製造有利於我方之空氣，散放不利於敵方之謠言，務使敵人不得安枕，時在恐怖環境中生活。

（三）選派幹員參加漢奸組織，或收買漢奸中之動搖份子，或聯絡尚有民族觀念而被迫為漢奸之人員，設法施行分化工作，務使該偽組織自行瓦解或無法建立強固之基礎，並加緊對首要漢奸，予以秘密制裁，使一般為漢奸者知所戒懼。

（四）在敵軍佔領區域內，調查民眾態度與傾向，用一切有效方法，激發人民愛國情緒，使之憎惡日人，利用各種機會，領導民眾及地方團體，反抗敵軍及偽組織之措施，如抗捐、抗稅、拒絕偽組織所派遣地方官吏等，並隨時組織工農群眾，實行罷工，反對徵調，破壞敵方工商企業，使敵無利可圖。

（五）在敵人佔領區域內，偵查各國在華使領僑民對中日戰爭之態度，聯絡並運用外僑為我刺探敵方消息，設法製造國際糾紛，加深國際上對敵之仇視。

丑、在作戰區域內之工作

（一）深入敵軍陣地偵查敵軍實力、行軍動向、士兵情報、敵方軍實糧秣之運輸情形與囤積地帶，及一切有關作戰之部署、佈置情形，在可能而必要時設法予以妨礙或破壞，以減削其戰鬥能力，並派遣聯絡參謀於各戰區及各集團軍內，以收靈活情報之效。

（二）調查我軍部署調動情形、官兵抗戰情緒、前線工事之建築狀況、民眾對抗戰之態度、散兵傷兵之滋擾情事、一般軍風紀與軍民之聯繫等項。

（三）偵查敵諜與漢奸之活動，設法加以破獲。

（四）組織游擊部隊，並領導民眾武力，協助國軍作戰，或為國軍作響〔嚮〕導，以增強我抗戰力量（就本處各地工作人員有軍事學識而負有資望，能在當地有組織民眾武力者而言）。

寅、在後方各省之工作

（一）後方各地雖非作戰區域，惟在此全面抗戰期間，直接、間接均與軍事計畫有關，如徵兵之實施狀況，後方醫院之組織情形，傷兵之滋事與盜匪之擾亂等情，皆為吾人情報工作之重心。

（二）抗戰以來，共黨與人民陣線之活動，氣勢甚盛，彼等托名聯合各黨各派抗日救國，欲在此合作抗日之過程中，取得民眾領導權，以削弱本黨及我政府之權力，故其一切活動，均應隨時注意偵查，並設法揭破及阻遏其陰謀，以保證鈞座及本黨在抗戰中及抗戰勝利後之政權。

　　（三）自抗戰發動以來，各實力派及各黨政要人均已表示擁護中央抗戰到底之國策，惟其間各人言行態度，仍有隨時注意偵查之必要。

　　（四）各軍事機關、各軍事學校及各部隊與航空人員之設施、實力、軍風紀以及抗戰之情緒，尤為保證抗戰勝利之最要因素，並應隨時嚴加檢查，切實考核，以資整頓而利軍機，故全國軍事通訊網仍應依照上年計畫，加緊補充，切實完成。

　　（五）貪污不法與烟毒之未能肅清，為革命政府之污點，當此全面抗戰之際，尤非肅清貪官污吏，禁絕鴉片毒害，無以挽回全國人心，提高抗戰士氣，故凡行政財務機關之偵查佈置，與夫禁烟密查工作之切實奉行，仍應列為重要工作之一。

　　（六）漢奸奸細之隱伏潛藏，蠢蠢欲動，實為後方之大患，應運用社會各階層份子，廣佈偵查網，以從事搜索，期達除害務盡之目的。

　　（七）至於外僑之潛伏內地，而為敵方作間諜者，亦所在多有，自應嚴密搜查，設法加以取締。

　　（八）關於邊疆及國際情報，過去以經費之不充足，與人才之不易物色，迄無顯著之成績，際此抗戰時期，國際情報至為重要，故凡東北四省、察、綏、甘、寧、新疆各省，均當徵集人才，加強佈置，至於歐、美、日本各國，則自各使館武官助理員撤回後，所餘通訊員為數無幾，仍擬設法加以補充，逐漸擴展國際情報網。

三、電訊交通方面

子、自全面抗戰以來，交通日益阻難，通訊全恃電台，
　　且在敵人佔領區域採取小組原則，增加單位，各配
　　電台，故電機與電務人員需要驟增，亟應加緊訓練
　　此項技術人才，同時計畫製造大量無線電機，以備
　　增設電台之用。

丑、為加強軍事偵察，擴展軍事情報網，積極完成各軍
　　師政訓處之電台。

寅、廣設偵查電台，構成全國電訊偵查網，增加監視反
　　動電台之力量，並設法偵取敵方之軍事情報。

卯、多方羅致日、韓、英、俄各國文字之電務人才，
　　專事研譯各該國文字之密電，以收偵查無線電之
　　實效。

辰、抗戰以來全國水路交通大受影響，亟應設法恢復，
　　除佈置航空交通網外，凡在內河及沿海之外國輪船
　　交通，當即切實擴充，以資補救。

巳、為嚴密佈置戰區及敵人佔領區內之交通，擬於本處
　　電台不敷分配時，收買或利用當地之民船、夥伕、
　　小販及推小車者充任交通，以傳遞消息。

民國史料 52

諜報戰：軍統局特務工作總報告（1937）

General Report of Special Intelligence of the
Bureau of Investigation and Statistics, 1937

主　　　編	蘇聖雄
總 編 輯	陳新林、呂芳上
執行編輯	林弘毅
封面設計	溫心忻
排　　　版	溫心忻

出　　版　　開源書局出版有限公司

香港金鐘夏愨道 18 號海富中心
1 座 26 樓 06 室
TEL：+852-35860995

民國歷史文化學社 有限公司

10646 台北市大安區羅斯福路三段
37 號 7 樓之 1
TEL：+886-2-2369-6912
FAX：+886-2-2369-6990

http://www.rchcs.com.tw

初版一刷	2021 年 5 月 30 日
定　　　價	新台幣 350 元
	港　幣　90 元
	美　元　13 元
I S B N	978-986-5578-22-0
印　　　刷	長達印刷有限公司
	台北市西園路二段 50 巷 4 弄 21 號
	TEL：+886-2-2304-0488

國家圖書館出版品預行編目 (CIP) 資料
諜報戰：軍統局特務工作總報告 (1937) =
General report of special intelligence of the
bureau of investigation and statistics 1937/ 蘇
聖雄主編 . -- 初版 . -- 臺北市 : 民國歷史文化學
社有限公司 , 2021.05

　面；　公分 . -- (民國史料 ; 52)

ISBN 978-986-5578-22-0 (平裝)

1. 國民政府軍事委員會調查統計局

599.7333　　　　　　　　　　110006150